LA THÉORIE GÉOGÉNIQUE

ET

LA SCIENCE DES ANCIENS

PAR

L'abbé R.-F. CHOYER

CHANOINE HONORAIRE, CHEVALIER DE L'ORDRE DU CHRIST DU BRÉSIL
MEMBRE DE PLUSIEURS SOCIÉTÉS SAVANTES.

Unus dies apud Dominum sicut mille ann
et mille anni sicut dies unus. — 2 Pet. III-8.

PARIS

P. LETHIELLEUX, LIBRAIRE-ÉDITEUR
4, rue Cassette et rue de Rennes, 75.

1872.

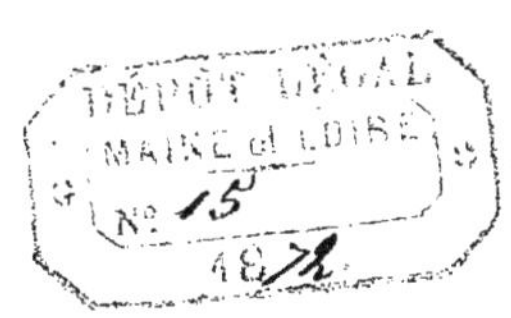

LA THÉORIE GÉOGÉNIQUE

ET LA

SCIENCE DES ANCIENS

LA
THÉORIE GÉOGÉNIQUE
ET
LA SCIENCE DES ANCIENS

PAR

L'abbé R.-F. CHOYER

CHANOINE HONORAIRE, CHEVALIER DE L'ORDRE DU CHRIST DU BRÉSIL
MEMBRE DE PLUSIEURS SOCIÉTÉS SAVANTES.

Unus dies apud Dominum sicut mille ann
et mille anni sicut dies unus. — 2 Pet. III-8.

PARIS
P. LETHIELLEUX, LIBRAIRE-ÉDITEUR
4, rue Cassette et rue de Rennes, 75.

1872.

La lettre qui suit sert trop avantageusement notre cause pour que nous ne nous empressions pas de la mettre sous les yeux de nos lecteurs. Nous sommes heureux et fier que notre modeste écrit ait pu se concilier à un si haut degré les suffrage de l'illustre savant et docteur théologien de Pie IX.

Paris, le 16 décembre 1871.

Mon Cher Confrère et Ami,

J'ai lu attentivement et avec bonheur votre opuscule intitulé : *la Théorie géogénique et la Science des Anciens,* en réponse à M. Faye. Elle est très-orthodoxe, intéressante et de nature à produire un très-bon effet. Vos interprétations et vos commentaires des textes de la Genèse et des autres Livres Sacrés sont ingénieux et en général très-fondés.

J'appelle de tous mes vœux le succès de votre travail, et j'y contribuerai de mon mieux.

Agréez, etc.

F. MOIGNO.

LA
THÉORIE GÉOGENIQUE
ET LA
SCIENCE DES ANCIENS.

L'année dernière, j'ai commencé à publier dans le journal scientifique *Les Mondes*, quelques études sur les questions fondamentales de la Géologie positive.

A la suite de ces articles isolés, l'honorable M. Faye, aujourd'hui président de l'Académie des Sciences de Paris, crut devoir faire, dans la même revue, des réserves au sujet de la trop grande part de science accordée, par moi, à Moïse et aux anciens.

Dans la réponse hâtive et incomplète que je pris la liberté d'opposer aux assertions de l'illustre savant, je promis de revenir sur ces difficultés, de les examiner et de les résoudre avec toute l'ampleur qu'elles méritent. Je veux essayer aujourd'hui de dégager ma parole.

Si le retard où je suis avait besoin d'être justifié, il trouverait son excuse pleine et entière dans les douloureuses circonstances que nous venons de traverser.

Autant pour satisfaire à un devoir de loyauté que pour rendre la question plus facile à saisir, je reproduirai d'abord la teneur de la nature dans l'accomplissement des phénomènes de la constitution du globe terrestre, phénomènes si rapprochés de nous, que nous pouvons, pour ainsi dire, les toucher du doigt.

C'est dans cette conviction qu'une solution des difficultés de la géogénie est possible, que j'ai essayé de formuler ma pensée sur plusieurs des questions fondamentales de la géologie positive.

Je viens aujourd'hui, Monsieur le Directeur, vous demander quelque place dans votre savante publication, pour l'exposer et la porter à la connaissance de ceux qu'elle peut intéresser.

Mais avant d'entrer dans aucun détail, et attendu que je ne veux rien affirmer en dehors des données fournies par la Bible, je tiens à m'expliquer, tout d'abord, sur le point important des jours primitifs.

Je ne serai pas souvent d'accord, je me hâte de le dire, avec l'enseignement de la géologie actuelle; cependant, sur le fait de la formation lente et progressive de l'enveloppe terrestre, je suis avec elle en parfaite conformité d'idées. J'espère que les hommes religieux, qui m'auront suivi dans cette étude préalable, ne tarderont pas eux-mêmes à partager mes convictions.

Je prouverai que les jours de la Genèse n'ont point été, comme on l'a cru jusqu'aux découvertes de la science moderne, des jours de vingt-quatre heures. J'écarterai le plus souvent les discussions philologiques par cette raison que, sous le rapport de l'interprétation des mots, tout ce qui pouvait être trouvé paraît avoir été dit relativement aux deux premiers chapitres du récit de la création. Des hommes spéciaux et du mérite le plus éminent ont, on peut l'affirmer, épuisé la question. J'aurai donc recours à d'autres moyens de convaincre.

Excité, poussé par les discussions qui se sont élevées, et qui continuent encore, au sujet de la mystérieuse longueur des divisions primitives du temps, je me suis préoccupé du soin de rechercher avec une attention particulière, si, dans le récit biblique, quelque passage, quelque détail, quelque donnée inaperçue jusqu'ici, une indication quelconque enfin, ne traduirait pas d'une manière plus explicite la pensée formelle et précise de l'écrivain sacré. Mes efforts ne sont pas restés, je crois, sans résultats.

Au deuxième chapitre de la Genèse, parmi les explications et les développements donnés au premier, il me semble avoir rencontré un fait important qui, considéré dans ses circonstances, et surtout dans sa raison d'être, peut et doit nous fournir des éclaircissements précieux pour l'intelligence du point d'interprétation qui nous occupe.

Je veux parler d'un moyen auxiliaire, je serais presque disposé à dire *provisoire*, à l'aide duquel la végétation a fonctionné avant l'apparition du soleil, et en l'absence de toute pluie apportée par les nuages.

Non pluerat, a dit l'historien des six jours, *non pluerat Dominus Deus super terram, et homo non erat qui operaretur terram; sed fons ascendebat è terra, irrigans universam superficiem terræ* (1).

Ce secours d'une source d'eau ou de vapeurs, peu importe, appelée à remplacer la pluie, qui, au troisième jour, faisait défaut, et que le soleil devait régulièrement procurer au quatrième, ne peut évidemment s'expliquer qu'autant que ce troisième jour a été d'une durée étendue.

Il ne s'agit point ici, remarquons-le bien, d'interprétation philologique des mots auxquels on peut donner un sens plus ou moins subtil. L'incident dont il est question est nettement et formellement établi par Moïse, qui, assurément, devait avoir de très-graves raisons de mentionner un état de choses aussi anormal que l'est celui des plantes naissant et se développant sans le secours de l'arrosement du sol par les eaux pluviales.

Nous l'avons déjà fait observer, que la *source* dont il est ici question, ait été une source proprement dite, ou que, comme l'ont compris beaucoup de commentateurs, des vapeurs abondantes se soient échappées du sol pour se réduire ensuite en rosée fertilisante, peu importe; les conclusions que nous voulons tirer de ce *système provisoire* d'irrigation, qui n'était point un miracle,

(1) Genèse, II-5.

mais simplement un effet naturel relevé par Moïse, demeurent dans toute leur valeur. Le fait du moyen temporaire, quel qu'il ait été, dont la puissance divine a cru devoir se servir, en attendant que l'ordre régulier des choses fût définitivement constitué, reste tout entier, et avec toute sa force probante. Nous ajouterons même que si ce fait signifie quelque chose, c'est assurément que, du soir au matin du troisième jour, il s'est passé plus de vingt-quatre heures.

Il a fallu, en effet, beaucoup de temps d'abord, pour que la terre, sortie de dessous les eaux, pût se dessécher et arriver à un état qui rendît possibles les fonctions végétatives des plantes non aquatiques; car le plus vulgaire colon nous dira, sans hésiter, que tout sol récemment émergé n'est pas immédiatement propre à la mise en culture (1).

Quand, il y a quelques dizaines d'années, on a baissé le niveau du lac de Longern, en Suisse, il n'a pas fallu attendre moins de cinq ans, pour faire quelques essais d'agriculture sur les parties du lac débarrassées de

(1) Cette raison seule, et indépendamment de toute autre considération, suffirait à prouver toute notre thèse, même aux yeux de nos contradicteurs les plus difficiles.

On en peut dire autant de l'écoulement des eaux dans les mers, pour découvrir les continents. De pareilles opérations n'ont pu évidemment s'accomplir toutes les deux dans une demi-journée; ce qui pourtant aurait dû avoir lieu si les jours de la Genèse eussent été de vingt-quatre heures. On n'a pas, en effet, oublié qu'au troisième jour de la création, Dieu, dans la première partie, a fait émerger la terre ferme, et que c'est dans la seconde qu'il l'a couverte pour la première fois de végétation.

leurs eaux. Ce qui donc, dans l'état où se trouvait la terre après son émersion, pouvait et devait empêcher l'humus de produire, ce n'était pas, pour sûr, le défaut, mais bien l'excès d'humidité.

Ainsi, le fait de l'arrosement des plantes avant le soleil, fait nettement, clairement attesté par Moïse, traduit, à ne pouvoir s'y méprendre, la conviction où était cet historien, que, sous la dénomination de jours, il fallait comprendre des périodes d'années d'une durée étendue. Sans cette interprétation rigoureuse, le passage, que nous venons d'indiquer, serait plus qu'une naïveté ; ce serait une énigme, si ce n'est un non-sens.

Les conséquences du texte que je viens d'indiquer sont, en effet, tellement simples, tellement rationnelles, qu'on pourrait, à bon droit, s'étonner qu'elles n'aient pas été plus tôt remarquées, si nous ne savions tous que l'attention des commentateurs anciens s'est principalement portée sur les passages des Saintes Ecritures, au sujet desquels les ennemis de l'Eglise se sont plu à soulever des difficultés. Quant aux endroits plus ou moins obscurs, mais qui n'étaient pas controversés, les mêmes apologistes se sont contentés de leur donner un sens plausible, laissant aux générations futures à repousser les attaques dont ces passages pourraient devenir ultérieurement l'objet. Voilà ce qui explique le silence de la tradition, relativement à l'apparente lacune que je viens d'indiquer.

Ce silence a même été si grand, si complet, que la

difficulté exposée par nous à plusieurs hommes spéciaux, partisans des jours de vingt-quatre heures, et des plus pertinents dans les études sacrées, les a trouvés non préparés à y répondre. J'ai pu croire un moment, à tort ou à raison, que j'étais le premier à l'avoir signalée. Cependant, il n'en est rien. Un savant contemporain, le P. Pianciani, a devancé, au moins pour le public, les observations que je viens de formuler.

En effet, il y a quelques années seulement, ce jésuite, éminent par son savoir, et attaché au Collége Romain en qualité de professeur de physique et de chimie, a touché le même moyen de solution des difficultés apportées par la géologie (1). C'est lui qui, au nom de tous les interprètes modernes, et en s'appuyant principalement sur les données des sciences naturelles, s'est chargé de fixer les hésitations de ceux qui n'avaient pu se livrer, comme lui, à des études spéciales et approfondies.

Pianciani a discuté les textes relatifs au fait de la source, tant au point de vue de la philologie qu'à celui des lois physiques et du bon sens lui-même. — Je regrette vivement que la place me manque pour faire connaître, au moins, les parties les plus saillantes de son excellente argumentation. Mais je les tiens en réserve avec d'autres considérations non moins puis-

(1) Pianciani. Dissertation latine reproduite au commencement d'une récente édition des Œuvres de Cornelius à Lapide.

santes, pour les opposer à ceux qui croiraient devoir contredire mes affirmations.

Une question qui se présente naturellement ici, est celle qui doit nous apprendre si l'usage de la source ou des vapeurs a bien eu lieu au troisième jour, ou s'il ne pourrait pas être reporté à un temps postérieur à l'achèvement de la création.

Nous n'avons pas, il est vrai, de preuves directes, dans le texte sacré, établissant que le moyen d'irrigation par la source d'eau ou de vapeurs a été appliqué exclusivement au troisième jour. Mais nous sommes parfaitement sûrs, au moins, qu'il a eu son emploi dans l'espace de temps rigoureusement compris entre le deuxième jour exclusivement et la dernière partie du sixième. Ce qui, pour mon raisonnement, revient absolument au même que s'il eût fonctionné pendant le troisième jour seulement.

En effet, l'auteur de la Genèse, après avoir constaté qu'il n'avait point plu sur la terre, nous dit positivement que cet état de choses extraordinaire a eu lieu *avant la création de l'homme. (Et homo non erat qui operaretur terram.)* Voilà donc une limite extrême bien et dûment constatée. Mais, comme au quatrième jour les lois qui devaient régir la distribution des nuages, et, par eux, celle des eaux à la surface de la terre, ont été définitivement établies par la création du soleil, il résulte que l'arrosement, dont il est fait mention dans le récit génésiaque, ne peut trouver place, à proprement parler, qu'au troisième jour, et dans sa deuxième partie seulement, puisque la première avait été employée à former et à faire sortir des eaux les continents. (*Voir Gen., cap.* I, *v.* 9 *et suiv.*)

Je m'arrête, et je termine cette lettre déjà un peu longue, en faisant observer que, jusqu'ici, la géologie seule nous a fourni la preuve péremptoire, il est vrai, de la longue durée des jours primitifs.

Après ce que nous venons d'établir, les interprètes les plus difficiles ne refuseront pas, je l'espère, d'admettre que nous possédons maintenant une preuve, tirée des textes sacrés eux-mêmes, et qu'en ce qui concerne les périodes de la création, la Bible n'est pas moins explicite que la science la plus avancée (1).

A cette lettre, M. le Président de l'Académie des sciences de Paris opposa, dans le numéro des *Mondes*, du 10 février 1870, les observations critiques suivantes.

II.

M. FAYE. — **Observations critiques sur les lettres de M. l'abbé Choyer.** — Votre savant correspondant, M. l'abbé Choyer, croit avoir découvert, dans le second chapitre de la Genèse, un passage jusqu'ici négligé qui prouverait qu'aux termes mêmes de Moïse, les six jours

(1) N° 30 décembre 1869.

de la création seraient des périodes d'une grande étendue. Effectivement, des théologiens et des géologues, Cuvier en tête, ont pensé, mais par d'autres raisons, qu'il fallait forcer ainsi le texte de la Bible ; mais M. l'abbé Choyer va beaucoup plus loin en voulant prouver que l'interprétation du géologue a été réellement indiquée par Moïse, et qu'en dépit des paroles six fois répétées : *factumque est vespere et mane, dies unus..... dies secundus..... dies sextus*, c'est là le seul sens qui puisse être attribué au texte sacré. Voilà certainement une tentative intéressante ; elle tire une certaine gravité du caractère même de son auteur et de son incontestable science. Ce n'est pas un fait isolé, car la même opinion a déjà été présentée solennellement à Rome même, par le P. Pianciani, savant professeur du Collége Romain ; si elle parvenait à prévaloir, elle serait appelée à réagir d'une manière sensible sur la culture et l'enseignement des sciences ; à aucun titre donc elle ne pourrait être négligée. Ayant eu récemment l'occasion de relire la Bible avec soin, non pour y chercher des moyens d'attaque ou de défense, mais pour elle-même, j'ai pu me faire à ce sujet une opinion impartiale : cette opinion, je vais vous l'exposer franchement; mais j'éviterai les écueils ordinaires de ce sujet en me renfermant dans les limites de la controverse scientifique à laquelle M. l'abbé Choyer semble nous convier. Par exemple, je me garderai bien d'examiner la position morale qui serait faite à l'auteur sacré, soit qu'il ait compris son propre texte comme l'abbé Choyer, soit qu'il ait lui-même ignoré le sens et la portée qu'on veut aujourd'hui lui donner.

Voici ce passage : *non pluerat Dominus Deus super terram et homo non erat qui operaretur terram; sed fons ascendebat è terrâ, irrigans universam superficiem terræ.* D'après votre savant correspondant, ce passage se rapporterait au troisième jour ; il indiquerait le moyen (omis au premier chapitre) par lequel Dieu aurait pourvu provisoirement au développement de la végétation dont il venait de couvrir la terre avant la création du soleil, cet astre devant ensuite procurer l'arrosement normal et définitif par l'intermédiaire de la pluie. Si les choses étaient ainsi, si tel était le sens de ce passage, M. l'abbé Choyer et le P. Pianciani auraient parfaitement raison ; nous aurions affaire, non plus à vingt-quatre heures, mais à une période de longueur indéterminée pendant laquelle la végétation se développait régulièrement, grâce à un mode d'arrosage dont Moïse n'avait pas fait mention d'abord. « Autrement, » nous dit M. l'abbé Choyer, « le passage que nous venons d'indi- » quer ne serait qu'une naïveté ; ce serait une énigme, » si ce n'est un non-sens. » Le raisonnement de M. l'abbé Choyer est bien clair : les pluies étant produites par l'action du soleil, elles devaient naturellement faire défaut au troisième jour, puisque la création du soleil ne date que du quatrième ; dès lors il fallait un moyen provisoire pour fournir à la végétation du troisième jour l'aliment indispensable. Moïse avait omis d'en parler au premier chapitre; mais il répara son omission au second : *sed fons ascendebat è terrâ*, pour suppléer à l'absence du soleil et par suite au manque de pluie pendant la durée de la troisième période. C'est cette mention dont le sens aurait échappé jusqu'ici aux commentateurs de la Bible. Tout cela se suit bien du moment où on adopte le point de départ de l'auteur, M. l'abbé Choyer ; seulement il me semble avoir eu tort de qualifier de naturel le moyen provisoire d'arrosement; ce serait réellement un miracle, car s'il est vrai qu'il ne pouvait y avoir de pluie sans soleil au troisième jour, il est également vrai qu'il ne pouvait y avoir, naturellement partout, de sources sans pluie. Mais nous allons voir que de telles pensées sont totalement étrangères à la Genèse ; ce sont des idées toutes modernes que le savant auteur y introduit à son insu.

Les anciens, avant et même longtemps après Moïse, ne savaient pas que l'eau des mers et des fleuves s'évapore continuellement sous l'action des rayons solaires; que le fluide *invisible* ainsi formé sur la surface terrestre monte continuellement dans l'atmosphère et va se condenser, à cause du froid des hautes régions, en nuages plus ou moins élevés d'où proviennent les pluies et la neige, et par suite les glaciers, les sources, les ruisseaux et les fleuves. Cette circulation aéro-tellurique des eaux, dont une des phases échappait à leurs yeux à cause de *l'invisibilité* de la vapeur, leur est restée aussi profondément inconnue que la circulation du sang. Qu'on se place un instant dans la situation d'esprit qu'on vient de prendre ; quelle idée se fera-t-on de ces deux phénomènes, si intimement connexes pour nous, à savoir la pluie qui tombe du ciel et des eaux qui surgissent du sein de la terre ? L'intermédiaire manquant, je veux dire la transformation des eaux en un fluide invisible plus léger que l'air, susceptible de se condenser par le fait de son ascension dès qu'il rencontre des couches d'air à température un peu basse, ce lien, dis-je, ne s'étant pas présenté à l'esprit, les anciens ont dû considérer les deux phénomènes comme des faits distincts et indépendants. Si la pluie tombe, c'est qu'il y a au haut des cieux des réservoirs d'eau dont les bondes et les écluses s'ouvrent de temps en temps ; si les sources coulent dans les vallées, c'est qu'il y a des réservoirs souterrains, des abîmes d'où l'eau surgit en s'épanchant à la surface. Le soleil n'y est pour rien, mais les eaux supérieures doivent avoir un support ; il faut donc que les cieux, où se meuvent les astres, aient une voûte solide (*firmamentum*) et ne risquent pas de s'écrouler sous le poids des eaux qui la surmontent. Sans doute, il aurait fallu se demander où vont les eaux qui tombent, pourquoi les cieux qui les versent ne finissent pas par s'épuiser, pourquoi les mers qui les reçoivent ne finissent pas par déborder. Mais là s'est arrêtée la curiosité scientifique des anciens ; ils ne se sont pas posé ces questions, ou bien ils les ont simplement résolues par la volonté de Dieu : *et dixi : usque huc venies et non procedes amplius*, Job, XXXVIII.

Le tableau que je viens d'esquisser de nos premiers essais en météorologie est précisément celui que la Bible nous présente. Les preuves abondent. Ainsi, le second acte de la création a consisté à séparer les eaux confondues dans le chaos primitif, et à établir le firmament pour soutenir les eaux supérieures. *Fiat firmamentum in medio aquarum et dividat aquas ab aquis. Et fecit Deus firmamentum, divisitque aquas quæ erant sub firmamento ab his, quæ erant super firmamentum.* De même que pour le déluge : en ce jour-là *rupti sunt omnes fontes abyssi magnæ, et cataractæ cœli apertæ sunt.* Les psaumes expriment la même idée ; *Extendens cœlum sicut pellem : qui tegis aquis superiora ejus* (Ps. CIII), et encore : *laudate eum cœli cœlorum ; et aquæ omnes, quæ super cœlos sunt, laudent nomen Domini* (Ps. CXLVIII). De même Job, de même l'admirable chapitre de la Sagesse dans les proverbes fourniraient des citations pareilles. On y voit clairement que ces eaux supérieures sont les réservoirs de la pluie, les trésors de la neige et de la grêle. Le premier commandement du décalogue mentionne même les eaux inférieures; mais, chose remarquable, il parle des cieux sans dire mot des eaux supérieures qui n'existent pas.

Revenons maintenant au passage cité par M. l'abbé

Choyer, et prenons-le tout simplement au pied de la lettre sans attribuer à Moïse les idées de notre temps. Un coup d'œil sur les versets précédents suffit pour voir qu'il s'agit ici d'une simple récapitulation du premier chapitre. Telles sont, dit à peu près l'auteur sacré, les origines du ciel et de la terre ; voilà comment les choses se sont passées depuis l'époque où il n'y avait sur terre aucune végétation, aucune pluie fécondante, et où l'homme n'existait pas encore pour la cultiver. Il ajoute, il est vrai : *Sed fons ascendebat è terrâ irrigans universam superficiem terræ ;* mais cela se rapporte tout simplement, ainsi que la mention de l'homme cultivateur, à ce qui va être dit, quelques lignes plus loin, du paradis terrestre, premier séjour de l'homme et point de départ de la source qui, après l'avoir arrosé, se répandait sur le reste de la terre en quatre grandes rivières. Quelques traducteurs mettent même *nec* au lieu de *sed*, reproduisant ainsi la négation itérative du verset précédent ; le caractère de simple énumération est par là mieux accusé encore.

On voit combien les notions usuelles des anciens sur le ciel et la terre sont peu d'accord avec celles qu'on veut à toute force leur prêter. Il y a plus : si par impossible Moïse avait parlé à ses contemporains le langage de la science moderne, il leur aurait posé de véritables énigmes et n'aurait été compris de personne. Aujourd'hui même, malgré les ressources d'une langue mieux faite, moins imagée, plus précise, malgré les grands progrès de ces trois derniers siècles, nous sommes loin de la vérité absolue ; en sorte que si un livre exprimait cette vérité, ce livre resterait, en grande partie, lettre close pour nous. Tant il est vrai que Moïse a dû s'exprimer, non pas seulement avec les mots de la langue incomplète de son temps, mais encore avec les notions alors répandues sur le monde matériel, c'est-à-dire sur le ciel, la terre, les astres et les météores journaliers. La science proprement dite n'a jamais été et ne saurait être l'objet de l'inspiration directe. Je ne puis donc applaudir aux efforts de ceux qui, comme votre très-savant correspondant, veulent à toute force trouver la géologie dans la Genèse. Peut-être ces honorables personnes apprendront-elles avec quelque surprise qu'à Rome même, au sein du collége des jésuites, on étudie le ciel chaque jour par les méthodes modernes et avec un succès auquel nous avons bien souvent rendu hommage, sans s'occuper le moins du monde de le faire cadrer avec ceux de Job *qui solidissimi quasi œre fusi sunt* ; on y cultive une météorologie bien différente de celle de la Genèse, des Psaumes ou des Proverbes, pourquoi en serait-il autrement de la Géologie ? Je ne dis pas tout cela pour vous, mon cher abbé (M. Moigno), car vous savez mieux que personne que la science peut se développer librement sans porter atteinte au sentiment religieux, et vous avez admirablement prouvé, par votre exemple même, qu'au lieu d'aboutir au matérialisme, elle nous ramène tôt ou tard à la pensée de celui qui a fait l'homme à son image (Gen., I, 26 et IX, 6).

III.

Telles sont les objections auxquelles j'ai à répondre. Elles demandent une réfutation détaillée ; je la ferai précéder de quelques observations nécessaires.

On a pu croire, et l'on a plusieurs fois répété, que la Bible devait être mise en dehors des discussions géologiques, par cette considération que le but des livres inspirés n'était pas de faire de la science. Cette assertion manque d'exactitude. La science et la révélation ne peuvent être séparées.

L'annaliste des six jours, en énonçant des faits de l'ordre physique, et par cela seul qu'il était sous l'influence de l'Esprit-Saint, n'a pu errer en aucune manière, surtout lorsqu'il affirme des vérités formant la base de son récit.

La forme ou les circonstances qui servent comme d'enveloppe à ces faits définis, ou simplement à des phénomènes issus d'un principe de science, pourront quelquefois nous faire hésiter sur l'intention d'un écrivain sacré ; mais toujours et d'avance nous sommes assurés que sa pensée, débarrassée des accessoires qui la masquent plus ou moins, ne peut être qu'une vérité formelle et entière.

La conclusion de ces préliminaires est facile à déduire. Au lieu d'écarter systématiquement et en bloc les notions de l'ordre physique, répandues dans nos livres saints, par cela seul qu'elles sont difficiles à préciser, nous devons, au contraire, redoubler d'attention et de soins, afin de les bien saisir, afin qu'elles deviennent des jalons précieux, des points de repère assurés pour nos recherches hésitantes et incertaines.

D'un autre côté, il faut que nos exégètes français évitent enfin d'éconduire dédaigneusement la géologie, et de négliger ses dépositions, sous le vain prétexte qu'elles sont souvent entachées d'erreur.

« Si la science, dit, dans un récent ouvrage, un apo-
» logiste distingué de nos croyances religieuses, prend
» à sa charge aujourd'hui des thèses aventureuses
» qu'elle abandonnera demain, il ne faut pas alléguer
» ses témérités contre ses incontestables certitudes, ni
» ses recherches contre ses acquisitions; elle *est en*
» *possession d'une foule de démonstrations contre les-*
» *quelles le doute le plus méthodique ne saurait préva-*
» *loir*, *et*, de même qu'on trahit la foi, en la livrant
» aux caprices travestissants de la science, ce serait la
» compromettre que de nier la science pour l'honneur
» de la foi (1). » Nous ne pourrons dire la douloureuse impression que nous ont fait éprouver quelquefois les paroles d'hébrahisants de grand mérite, nous déclarant

(1) *Le bons sens et la foi*, par le P. Caussette.

qu'ils n'avaient pas cru devoir tenir compte, dans leur traduction de la Genèse, des faits attestés par l'observation. Comme si le meilleur moyen de savoir ce que l'historiographe de la création a voulu décrire, n'était pas de connaître ce que Dieu a fait. Ce qu'on ne saurait expliquer, disait, il y a quelques années, un professeur allemand, d'un profond savoir, c'est que de nos jours encore certains théologiens traitent la science naturelle en ennemie de la révélation.

Tout, à notre époque, dit-il encore ailleurs, fait un devoir au théologien, surtout lorsqu'il veut expliquer l'Ecriture Sainte, d'étudier la science naturelle, afin de bien connaître les résultats qu'elle a acquis (1).

Assurément, nous sommes loin d'admettre toutes les prétentions des géologues modernes. Nos études publiées dans *les Mondes* le prouvent surabondamment. Mais toutes ne sont pas également à rejeter. Il en est, au contraire, que nous prenons en considération très-sérieuse, parce qu'elles doivent être respectées. Telle est, entre autres, celle de la longueur des périodes ou jours primitifs. Puisque nous avons commencé la défense de cette grande cause, nous la continuerons dans le présent opuscule, malgré tout ce qui nous manque pour une pareille tâche. Puisse une voix plus accréditée que la nôtre, ne pas tarder à venir faire oublier nos essais !

L'exposé des raisons de M. Faye a cet avantage sur beaucoup d'autres, qu'il est net et précis, comme on

(1) *La Bible et la nature*, par l'abbé Reuch.

devait, d'ailleurs, l'attendre d'un esprit droit et supérieur. Le moyen d'irrigation, signalé par la Bible, ne peut être, selon lui, que le résultat d'un *miracle;* autrement il supposerait, dans l'auteur de la Genèse, des notions de science qu'il ne pouvait avoir, ces connaissances faisant absolument défaut parmi *les anciens avant et même longtemps après Moïse.*

La science proprement dite, ajoute encore l'illustre académicien, *n'a jamais été, et ne saurait être l'objet de l'inspiration directe.* Nous répondrons, au cours de cet écrit, à toutes les étonnantes allégations qu'on vient d'entendre. Elles sont sérieuses, et d'autant plus importantes que, loin de rapprocher la science de la religion, elles tendent, au contraire, à agrandir la distance regrettable qui déjà les sépare.

L'honorable M. Faye oppose, en effet, comme impossibilité à ma preuve de la longueur des périodes, indiquées par l'Annaliste sacré, la thèse générale et malheureusement beaucoup trop accréditée, aujourd'hui, du défaut de science chez les peuples primitifs. Rien encore, à mes yeux, n'est plus funeste à la saine interprétation des traditions bibliques, que ces idées inexactes et préconçues. Avec elles, l'historien de la création, quand il lui arrive de toucher à des vérités de l'ordre physique, est réduit à ne les consigner dans son livre, qu'à son insu, pour ainsi dire, et sans avoir conscience de ce qu'il écrit. Un rôle semblable n'est pas acceptable. D'abord, parce qu'il n'est pas vrai, ensuite parce qu'il humilie sans nécessité le grand Ecrivain des Hébreux;

enfin parce qu'il a l'inconvénient d'augmenter les difficultés pour l'exégète qui s'est donné la tâche de traduire le récit génésiaque.

Par ces motifs, je me crois obligé de ramener à leur juste valeur toutes les allégations dont il vient d'être parlé ; et attendu qu'on a singulièrement abusé contre la religion du prétexte non justifié que je m'efforce de combattre, je demanderai à mon éminent contradicteur, quand j'en serai rendu à cette partie de mon travail, la permission d'étendre ma réponse quelque peu au-delà de ses dénégations, et d'étudier devant lui l'état de culture intellectuelle des peuples primitifs.

Pour le moment, je dois m'appliquer à rechercher quelle a été anciennement la théorie géogénique acceptée, soit par les Juifs, soit par les nations payennes.

La division de cette étude, en réponse à M. Faye, se trouve naturellement tracée par le titre même qu'elle porte. Je réfuterai ensuite, une à une, les autres difficultés qui me sont opposées, et que je ne veux pas laisser sans réponse.

Tout d'abord, pour faciliter l'intelligence de mes preuves, j'établirai cette proposition fondamentale : *que la création s'est faite par des lois, et non instantanément,* comme semble le croire le très-savant académicien dont je viens contester les affirmations. Je m'empresse d'ailleurs de rendre justice à l'exquise courtoisie avec laquelle il a exposé sa manière de voir à l'encontre de la mienne. Je l'en remercie, et je veux que sa délicatesse de langage soit mon exemple.

La création de l'univers s'est faite par des lois.

La formule du symbole qui exige de nous un acte de foi en Dieu, *créateur du ciel et de la terre,* ne s'exprime pas sur la manière dont les choses se sont accomplies sous la main du Très-Haut. Elle ne dit pas si le monde a été fait d'un seul jet et à l'état adulte, ou s'il s'est élaboré lentement, progressivement, et par des lois s'ajoutant successivement les unes aux autres.

« Il n'est pas prescrit, dit le Père Caussette, de croire » que Dieu a donné l'existence à un monde adulte; » peut-être même la toute-puissance créatrice ressort- » elle mieux, dans l'hypothèse, d'une matière produite » à l'état simple, et perfectionnée ultérieurement par » des lois sans cesse agissantes. Cette opinion, selon » le P. Pianciani, ne diminue en rien l'action du Créa- » teur; elle nous montre même, sous un jour plus » merveilleux, la sagesse qui imprima aux molécules » des mouvements si mesurés, qu'il devait en résulter » tant d'effets admirables pour la formation et la con- » servation des globes, soit dans le passé le plus reculé, » soit dans le cours des siècles à venir (1). » Cette opinion, que la foi autorise autant que la première, a pour elle le témoignage des faits observés.

Afin de mieux formuler notre opinion sur la forma-

(1) *Le bon sens de la foi,* IIe vol. p. 392.

tion de l'univers, nous dirons : *Qu'à un moment déterminé, Dieu s'étant donné la matière et l'attraction en général, en composer un monde, était le problème de la création.*

A ce simple énoncé, j'entends déjà des hommes religieux, d'ailleurs intelligents et instruits, mais trop facilement dédaigneux des faits observés, nous demander si Dieu, dont la puissance est infinie, n'aurait pas pu créer la terre dans l'état où nous la voyons, et sans l'avoir fait passer par toutes les transformations que supposent les récits géologiques ?

Cette objection qui ne repose que sur l'absence de notions scientifiques, a déjà été réfutée, de toute manière, par les hommes qui ont fait de la difficulté présente une étude spéciale.

Il semble qu'après tant de lumineuses réponses, le système insoutenable de la création instantanée des diverses parties de la terre eût dû être, à tout jamais, abandonné. Pourtant il n'en est rien. Je demanderai donc la permission de répondre, encore une fois, mais en apportant des preuves nouvelles, à l'éternelle redite que l'on continue à nous opposer.

Sans doute, si nous considérons la puissance de Dieu, la création instantanée est possible. Mais là n'est pas la difficulté à résoudre. Ce qu'il s'agit de bien établir est simplement une question de fait, et rien de plus. Dieu a-t-il produit, oui ou non, ses merveilleux ouvrages par des lois, et avec le concours du temps? Tout est là:

Nous répondons sans hésiter : Oui, le Créateur a procédé par des opérations successives et par des lois. L'analogie d'abord est en notre faveur.

« La nature et la grâce, dit Mgr Meignan, nous » montrent, à la fois, que Dieu se plaît à agir par de- » gré, et à n'aller au but que par des progrès lents et » quelquefois insensibles. Dieu annonça la rédemption » dans le paradis terrestre, et quatre mille ans au » moins s'écoulèrent jusqu'au jour de la venue du » Messie promis. Le Christ veut que toute la terre re- » çoive l'enseignement de l'Evangile ; et cependant il a » fallu des siècles pour que même son nom parvînt aux » peuples de l'Amérique et de l'Océanie. Dieu est pa- » tient, dit saint Augustin, parce qu'il est éternel (1).

» Ni l'art ni la nature, dit Bossuet, ni Dieu même » ne produisent tout à coup leurs grands ouvrages ; » ils ne s'avancent que pas à pas. On crayonne avant » que de peindre, on dessine avant que de bâtir, et » les chefs-d'œuvre sont précédés de coups d'essai. » La nature agit de la même sorte (2).

Trois preuves, à nos yeux également décisives, peuvent être invoquées en faveur du fait capital que nous avons à établir :

1° Les phénomènes indéniables de l'ordre physique et chimique ;

2° La rigoureuse exigence du plan divin ;

(1) *Le monde et l'homme primitif.*

(2) *Sermon sur la Nativité de la Sainte Vierge.*

3° La teneur elle-même des textes sacrés.

Reprenons :

Quand nous jetons les yeux sur une carte géologique, la première chose dont nous sommes frappés, c'est l'énorme disproportion qui existe entre les terrains fossilifères et ceux au milieu desquels on ne rencontre aucune trace de vie. Si nous examinons avec quelque attention les montagnes appartenant à ceux de la première catégorie, nous voyons que les dépouilles des êtres marins se trouvent inclus, à une profondeur considérable, dans la pâte même des protubérances dont il vient d'être parlé, et à toutes les altitudes. Ils ont donc été enveloppés par les matières ambiantes alors que les masses montagneuses étaient en voie de formation. Mais si nous essayons de rapprocher ces faits, aussi importants qu'ils sont incontestables, de la teneur du récit génésiaque et de ses affirmations relatives à la création des continents, au troisième jour, la conclusion, qui ressort logiquement de cette comparaison, est toute contre nos antagonistes.

En effet, puisque, d'après la Bible, la terre ferme a été produite, au troisième jour, et que les premiers êtres vivants dont les dépouilles sont partout répandues dans les calcaires et jusque dans les terrains siliceux, n'ont paru qu'au cinquième, il s'ensuit ou bien que Dieu a opéré par des lois dans l'accomplissement de ses ouvrages, ou qu'il a créé les continents à deux fois. Et encore faudrait-il admettre, dans cette dernière hypothèse, que les terrains fossilifères seraient sortis des mains du Créateur avec les débris d'êtres vivants qu'ils contiennent. Mais quel est l'homme de conviction religieuse, ou simplement de sens commun, qui voudrait prêter à Dieu des actes que nous sentons répugner à notre délicatesse et à notre raison ? Non, non, les continents ne sont point le résultat de deux créations distinctes ; et Dieu, par anticipation, n'a point appelé du néant des animaux en ruine, pour les répandre avec profusion et sans but dans son œuvre.

Nous avons dit qu'on peut invoquer l'exigence du plan divin. C'est, qu'en effet, nous voyons celui-ci apparaître et se dessiner dès les premiers traits de sa mise à exécution. Ce que nous avons dit ailleurs des préparations faites pour une vaste opération chimique et minéralogique, et ce que nous dirons tout à l'heure de la fécondité, de l'énergie et de la précision des causes qui ont été mises en jeu pour la conduire à fin, ne laisse place à aucun doute non-seulement sur la pensée créatrice, mais encore sur la marche qu'elle s'est proposé de suivre dans l'accomplissement de ses éternels desseins. Est-ce que les matériaux rassemblés, ajustés pour la construction d'un édifice, ne révèlent pas déjà les moyens d'exécution conçus et adoptés par l'architecte ? Est-ce que l'expérience préparée avec précision dans le laboratoire du savant, n'indique pas à l'avance le but de ses recherches et les moyens qu'il veut mettre en œuvre pour l'obtenir ?

Ainsi s'est traduite, dès le commencement de son œuvre, la pensée du divin architecte. Nous l'avons surpris jetant les fondements d'un grandiose édifice. Sa sagesse infinie nous assure d'avance qu'il atteindra, sans variation, le but qu'il s'est proposé d'obtenir dans ses merveilleuses conceptions. Dieu n'est pas, comme l'homme, sujet au changement. Quand il a posé une loi, il ne la laisse pas inutile pour essayer d'autres moyens. Le fait seul de l'établissement de cette dernière porte avec lui la garantie qu'elle aura son plein et entier effet.

Or, il est manifeste, d'après le récit génésiaque, qu'avant le premier ***Fiat***, organisáteur de la matière, la grande loi de l'attraction, la loi fondamentale et admirable de la combinaison existaient, ainsi que toutes celles qui se rapportent à la chaleur et à l'évaporation des eaux. Ce fait résulte logiquement de celui de l'existence de l'eau, qui elle-même n'est qu'un *composé* d'oxygène et d'hydrogène, deux volumes du dernier pour un volume du premier. Et l'on voudrait que Dieu, après avoir posé la cause et préparé tous les moyens d'action qui lui étaient nécessaires, aurait abandonné tout à coup son plan et la partie déjà faite de son œuvre, pour suivre une autre voie que rien ne justifie! En vérité, nos adversaires n'y pensent pas. Mais, au reste, qu'ils opposent enfin à nos arguments autre chose que de gratuites dénégations, nous sommes prêts à les entendre.

La troisième preuve, que nous avons à faire valoir,

se tire des textes mêmes de la Genèse. Loin de laisser entendre que Dieu ait créé le monde instantanément, Moïse nous dit, tout au contraire, qu'il s'y est pris à six fois ; que dis-je ! à neuf fois ; car au troisième jour, il a produit deux choses par deux opérations distinctes : l'*aride et la végétation*. Le sixième a été plus riche encore en créations. Il a vu naître successivement les animaux terrestres, Adam et Eve, sa compagne.

Mais ce n'est pas tout : comme le génie, qui a conçu le moyen d'utiliser un moteur inconnu, essaie une à une, deux à deux, etc., après les avoir ajustées, les pièces du mécanisme qui doit traduire sa pensée et réaliser ses espérances, Dieu n'ajoute une loi à une loi qu'après s'être, pour ainsi dire, assuré que l'une fonctionnera bien avec la précédente, sans la détruire, ni la gêner. Il s'arrête, dit Moïse, contemple son œuvre qu'il a mise à l'essai, et après en avoir constaté la parfaite justesse et le jeu merveilleux, il affirme que le succès est plein et entier. *Vidit Deus quod esset bonum*, et il passe à une autre opération. Qui ne voit ici les lois par lesquelles il a plu au Créateur d'opérer et de produire ses incomparables ouvrages ? Qui ne reconnaît ici les phénomènes auxquels le Seigneur faisait allusion quand il demandait à Job s'il connaissait les transformations qui s'étaient opérées dans le Ciel et les élaborations qui s'accomplissaient en même temps sur la terre. *Scis autem commutationes cœli aut quæ sub cœlo simul facta sunt?* (Cap. XXXVIII-33. V. des Sept.) Tout jusqu'aux termes eux-mêmes par lesquels Dieu impose sa volonté à la matière, porte l'empreinte d'un ordre, d'un décret. Voyez comme il commande : *Fiat lux..... fiat firmamentum in medio aquarum... congregentur aquæ in unum locum et appareat arida.....* Que la lumière se fasse... qu'un firmament sépare les eaux des eaux.... que les eaux inférieures soient réunies ensemble, et qu'une matière solide apparaisse... etc. Sous toutes ces formules, ne trouve-t-on pas manifestement la loi indiquée par l'effet qu'elle doit produire, et que l'auteur de toutes choses s'est proposé d'atteindre ?

Cependant si le monde a été créé par des lois successives, tout naturellement il a dû se déduire d'une matière première sur laquelle se sont exercées ces mêmes lois.

Cette conséquence paraît tout à fait logique. Loin d'y contredire, on peut assurer que les pages de l'historiographe du Créateur la confirment de tous points. Consultons-les, en faisant préalablement observer que les deux premiers chapitres de la Genèse constituent deux parties d'un même récit. La première va jusqu'à *Istæ sunt generationes cœli et terræ ;* et c'est l'exposé proprement dit de la création. Le reste n'en est que le commentaire.

Il suffit de lire attentivement ces deux pièces importantes, pour constater par soi-même les caractères qui les différencient.

L'une, la première, peut être regardée comme une

sorte de *symbole* de la création que Moïse avait reçu des Patriarches, ses ancêtres, et que, par respect pour son auguste origine, il a cru devoir reproduire intégralement et sans le modifier en aucune sorte, sauf à le compléter par des commentaires.

Quand au moyen âge on a divisé la Bible en chapitres, l'idée de terminer le premier, avec les six jours, paraît avoir motivé la séparation, là où elle se trouve aujourd'hui, tandis qu'elle devait être placée après ce qui concerne le septième jour, qui véritablement complète la semaine de la création.

Quoiqu'il en soit de ce dernier détail, les paroles, *Istæ sunt generationes cœli et terræ quando creata sunt*, appartiennent, de l'aveu de tous, à Moïse. Il importe donc au plus haut degré, pour avoir la pensée de ce grand historien, de bien connaître le sens net et positif des expressions précitées qui ont été traduites de bien des manières. Il faut convenir que si le mot *generationes* doit être pris dans son sens propre de *génération*, autant toutefois qu'il peut l'être étant appliqué à la matière même inorganique, la théorie que nous soutenons, en ce moment, de la *transformation des éléments primordiaux par des lois*, s'y trouve nettement indiquée. Or, ce sens caractéristique, et en apparence extraordinaire, ne se trouve pas seulement indiqué par tout ce que nous avons dit précédemment, il résulte de la racine même des mots employés dans la langue primitive. Ecoutons, à cet égard, deux hébraïsants de grande réputation et d'autorité incontestée. Ce sont MM. Glaire et Franck, dont les efforts réunis sont parvenus à jeter un si grand jour sur bon nombre de passages plus ou moins obscurs de nos textes sacrés.

Je fais d'autant plus volontiers appel au savoir profond des deux éminents philologues, dont je viens de citer les noms, que l'un d'eux, au moins, a défendu, toute sa vie, le système des jours de vingt-quatre heures et, conséquemment, celui des créations instantanées.

Avant de rapporter leur témoignage, nous devons citer en entier le passage du texte en question, et le faire suivre de quelques observations importantes, auxquelles on ne paraît pas avoir songé : *Istæ sunt generationes cœli et terræ quando creata sunt, in die quo fecit Dominus Deus cœlum et terram*. Les mots *cœlum* et *terram*, deux fois répétés dans la même phrase, sont ici manifestement pris dans deux sens différents. Dans le premier membre, ils nous paraissent simplement indiquer, par rapport à l'homme, toute la matière contenue au-dessus et au-dessous de lui, ou, en d'autres termes, toutes les choses *d'en haut* et toutes celles *d'en bas*. Les expressions qui les suivent immédiatement, *quando creata sunt*, marquent leur origine, résultat d'une création *ex nihilo*. Le mot *creavit*, en effet, n'est employé que trois fois dans le récit du premier chapitre de la Genèse, l'une pour la création de la matière, au commencement, et les deux autres pour celle des animaux et de l'homme en dernier lieu. Le *cœlum* et *terram* qu'on retrouve dans la seconde partie de la phrase avec le mot *fecit* seulement, semble devoir se rapporter à l'arrangement, à l'organisation du ciel et de la terre, telle que nous les voyons aujourd'hui.

Cette désignation aurait pour complément ce qui est dit au premier verset du second chapitre, *igitur perfecti sunt cœli et terra et omnis ornatus eorum.* La double création dont nous voulons parler ressort encore manifestement de ces deux autres expressions, qui se trouvent au même endroit, *cessaverat ab omni opere suo quod creavit Deus ut faceret.* Il avait accompli son ouvrage, ou, si mieux on aime, il avait épuisé les matériaux qu'il s'était donnés pour les mettre en œuvre.

Ceci posé, arrivons à la traduction de MM. Glaire et Franck. Elle sera maintenant plus facile à saisir. « Voici, » disent-ils, *ce qu'ont produit les cieux et la terre dès » qu'ils furent créés.* » Et, pour qu'on ne puisse se méprendre sur leur pensée aussi juste, croyons-nous, qu'elle est neuve et remarquable, ils ajoutent cette note : « La signification que nous donnons au mot hé- » breu rendu par *generationes*, et qui paraît tout-à fait » nouvelle, n'est nullement arbitraire ; elle est fondée » sur sa racine même, qui signifie *engendrer, donner,* » *naissance, produire.* Qu'on nous montre, d'ailleurs, » un passage où cette signification ne soit pas appli- » cable ? C'est donc à tort qu'on l'a rendue jusqu'ici » par *origine, histoire*, sens si contraire à son étymo- » logie et si peu convenable aux différents passages » où ce mot se trouve employé, comme nous le ferons

» voir, etc..... Ce n'est point ici la même histoire déjà
» racontée dans le chapitre précédent, comme l'ont
» cru faussement Eichorn et autres, qui ont voulu
» inférer de là que la Genèse était l'ouvrage de plu-
» sieurs auteurs. Il n'y est question que des choses
» que le *ciel et la terre, comme éléments, ont pro-*
» *duites pour ainsi dire d'eux-mêmes*, quoique par la
» volonté du Créateur, tandis que, dans le premier
» chapitre, il n'est parlé que des créatures que Dieu a
» produites immédiatement par sa parole ». Suivent des explications où se traduisent de pénibles efforts faits par les auteurs précités pour accorder le cri instinctif de leur conscience de philologue avec leurs idées erronées sur les créations du ciel et de la terre dans des jours de vingt-quatre heures (1). Nous n'avons point à nous en préoccuper ici. Nous aimons mieux faire observer que, sur le frontispice du livre de Moïse, le mot *Genèse* ou *génération*, mis au lieu de cet autre, *créations*, qui se présentait de lui-même à la pensée, n'a point été préféré par les traducteurs grecs sans de sérieux motifs, qu'il est maintenant facile d'apercevoir. Ils avaient sans doute compris, comme

(1) Au lieu de se jeter avec tant de subtilités dans des distinctions inutiles pour expliquer leur pensée relativement à la génération des corps inertes et composés, les deux savants exégètes auraient pu simplement ouvrir un traité de chimie. Dès les premières pages, ils y auraient trouvé dans les mots *oxygène* (qui engendre les oxydes) et *hydrogène* (qui engendre l'eau), des exemples d'autant plus précieux, qu'ils sont offerts par la science la plus avancée.

MM. Glaire et Franck, et longtemps avant eux, que la racine hébraïque du mot traduit en latin par *generatio*, voulait dire *engendrer*, *produire*. Tant il est vrai que la tradition elle-même nous offre, en cet endroit, son puissant témoignage sur le sens que nous nous efforçons de faire prévaloir.

Nous conclurons donc de tout ce qui vient d'être dit, que, d'après la Bible, comme d'après la science, la terre s'est élaborée lentement, successivement et par transformation d'une matière primitive. C'est ma proposition.

Arrivons maintenant à la théorie géogénique indiquée par la Bible.

LA THÉORIE GÉOGÉNIQUE

DES ANCIENS.

La mention, dans la Genèse, du système d'irrigation provisoire établi par Dieu au troisième jour, cessera de paraître extraordinaire à mon illustre et savant contradicteur, quand il connaîtra bien la pensée entière de Moïse sur la formation de la terre. Nous allons donc la rechercher attentivement et établir les trois propositions suivantes :

1° D'après le récit de l'Annaliste sacré, nous devons admettre que la terre, au premier des six jours de la création, n'était qu'une masse aqueuse et par conséquent liquide toute entière. En d'autres termes, les eaux n'étaient point soutenues, comme elles le sont aujourd'hui, par une charpente rocheuse ou des continents cachés sous les mers.

2° Les océans n'ont point été formés par le déplacement des eaux marines poussées et conduites dans des bassins préexistants, mais, au contraire, les continents, en se solidifiant sous les eaux, les ont enfermées et contenues dans l'état où nous les voyons aujourd'hui.

3° Au moment où les terres fermes ont émergé, des communications restées libres entre les mers supérieures et celles de dessous que Moïse appelle *le grand abîme*, ont fait affluer sur les continents des masses d'eau considérables, tendant toujours à les inonder et à les submerger.

On conviendra que, si dans l'esprit de Moïse, les choses se sont passées comme nous venons de dire, ce n'a pas été sans qu'un laps de temps considérable fût employé à l'accomplissement des phénomènes.

Et le grand historien a dû avoir la *conscience* d'affirmer la longueur des périodes, quand il parlait de l'arrosement des plantes au troisième jour. Or, nul doute pour nous que la pensée de l'auteur de la Genèse ne soit conforme à l'énoncé des trois propositions ci-dessus exposées. Essayons d'en faire la preuve.

Sans nous préoccuper des premières transformations de la matière cosmique, sur laquelle Moïse ne s'exprime pas, nous prendrons le globe terrestre tel qu'il est décrit au second verset de la Genèse : *Terra erat inanis et vacua.* Suivant les Septante, il faut lire : *erat invisibilis et incomposita.*

On a essayé de bien des manières de traduire les célèbres mots *Tôhu* et *Bôhu*, qu'on rapporte généralement, l'un à l'intérieur de la masse initiale de la terre et l'autre à sa surface. « Tous les deux, disent » MM. Glaire et Frank, signifient le néant plein d'hor-

» reur, avec cette différence que le premier semble
» correspondre, à peu près, à l'idée sans fond, sans
» base (Job, XXVI-7), et l'autre à celle de sans limites
» ni bornes saisissables (1).

Toutes les variantes que j'ai pu recueillir reviennent en effet, pour la première expression, aux idées de *néant*, chaos ou choses mélangées, agglomération de matière molle et sans consistance, masse informe, sans base ni sans fond (abîme).

Mais, de toutes ces interprétations, en est-il une seule qui laisse supposer des continents sous les eaux ? Pas une.

La traduction que je donne ici du second verset du premier chapitre de la Genèse n'est point arbitraire. Elle est imposée non-seulement pas le sens obvie des mots et par la nécessité d'accorder le texte sacré avec les faits scientifiques les plus certains, et en particulier avec la fluidité primitive du globe, si bien constatée par la géodésie, mais elle est encore rendue nécessaire par une foule d'autres raisons qui seront développées au cours de cette étude. Car mon point de départ, pour l'interprétation du mot *inanis*, s'appuie surtout sur les phénomènes observés, tandis qu'on n'a invoqué le plus souvent jusqu'ici que des considérations philologiques, résultant des comparaisons nécessairement peu multipliées des expressions de la Genèse avec celles des autres parties de la Bible. D'ailleurs, il

(1) *Le Pentateuque*, avec une traduction française. Note du verset 2.

faut bien l'avouer, ce même mot *inanis* a été une vraie source d'embarras pour la plupart des interprètes, qui n'ont su comment le traduire, et surtout l'accorder avec l'idée préconçue de continents sous-marins. De Sacy et le père de Carrière ont écrit : *La terre était informe et toute nue.* L'abbé de Vence est passé par dessus la difficulté. Il n'a pas même rendu le mot *inanis*. Il a simplement dit : que la *terre était toute nue*.

Le texte des Septante a cela de remarquable qu'il qualifie l'état primitif de la matière *incomposita*, non coordonnée, en indiquant une relation avec ce qu'elle devait devenir et ce qu'elle est, en effet, devenue au troisième jour. A cette période était réservé l'accomplissement de l'un des plus grands phénomènes de la création, à savoir : le passage de la matière de l'état liquide à la consistance agrégée et solide.

A l'appui des considérations qui précèdent, nous pouvons encore ajouter le témoignage de saint Pierre.

On ne sera peut-être pas peu surpris de nous voir faire intervenir le chef des Apôtres, pour la solution de la difficulté qui fait l'objet de cette étude.

Cependant ce serait bien à tort, car saint Pierre s'est expressément occupé des deux plus intéressantes questions de la géologie : la formation et la destruction de la terre (1).

Son témoignage donc, à ne le considérer que comme

(1) La terre et les cieux doivent être détruits par le feu. — *Eodem verbo repositi sunt igni reservati.* Job, de son côté, a constaté la même tradition au chapitre de son livre XIV, v. 11.

expression du courant traditionnel qui lui a évidemment apporté ses notions géogéniques, ne peut être pour nous que d'un très-grand prix.

Voici dans quelles circonstances et par quels motifs particuliers saint Pierre a été conduit à dire comment la terre s'est formée. Tout préoccupé des dangers qui entouraient déjà la foi des nouveaux convertis, il cherche à prémunir ces derniers contre les insinuations de la doctrine anti-chrétienne de la matière éternelle.

Il viendra, dit-il aux fidèles de son temps, des hommes qui se livreront à toutes les passions, ne craignant pas de dire : *Que sont devenues les promesses de l'avénement du Christ ?* Car, depuis que nos pères sont dans le sommeil de la mort, toutes choses demeurent au même état qu'elles étaient au commencement du monde. Mais, ajoute-t-il, c'est par une ignorance volontaire qu'ils ne considèrent pas que les Cieux furent créés d'abord, puis la terre, qui, par la parole divine, *prit sa consistance de l'eau et par l'eau. Cœli erant prius et terra de aquâ et per aquam consistens Dei verbo* (1).

Quelle étonnante affirmation! Mais si la terre s'est solidifiée dans l'eau et par l'eau, elle était donc à l'état liquide.

Enfin, nous pouvons encore invoquer la déposition des faits chimiquement accomplis et celle des principes même de la science.

(1) II Petr., III-4.

Pour procéder avec méthode dans l'exposé de cette discussion, nous partirons d'un fait indiscutable, lequel peut s'énoncer ainsi :

La presque totalité des matériaux, dont se trouve aujourd'hui construite la partie solide du globe, sont des *composés d'éléments préexistants*. Quel que soit le mode de formation de ces matériaux divers, ils constituent certainement dans leur ensemble un état de chose qui n'est pas originel. La science et le bon sens sont en complet accord à cet égard.

Mais si les couches continentales sont une agrégation de composés, leurs molécules, à un moment donné, ont dû être en liberté. Déjà, longtemps avant les découvertes de la science moderne, les anciens avaient fait de cette vérité une sorte d'axiome : *elementa non agunt nisi soluta.* Ajoutons que tous les progrès de la chimie, soit minérale, soit organique, n'ont fait que confirmer en tout point ce principe fondamental, ainsi que toutes les déductions qu'on en peut légitimement tirer. Mais ce qui est venu le mettre dans un relief nouveau et tout particulier, c'est la découverte inattendue de l'aplatissement des pôles de la sphère terrestre et de son renflement à l'équateur.

Double preuve, ou, si on le préfère, *contre-preuve* de la réalité d'une fluidité primitive de notre planète, et conséquemment de l'état de liberté où se sont trouvées, à l'origine des choses, les molécules constitutives de la croûte solide de la terre. Cette magnifique et importante conquête du génie humain sur les mystères qui enveloppent la formation du monde, sera son éternel honneur, et la géodésie peut dès aujourd'hui en revendiquer la gloire devant Dieu et devant les hommes.

Ainsi la science comme la Genèse réclament du temps et beaucoup de temps pour la solidification de la croûte terrestre. Si vous demandez à la Bible par laquelle des deux voies, sèche ou humide, se sont accomplis les phénomènes, elle vous répond :

Les ténèbres couvraient la face de l'abîme et l'esprit de Dieu était porté sur les eaux, ou mieux peut-être échauffait les eaux. *Tenebræ erant super faciem abyssi, et spiritus Dei ferebatur super aquas.* Donc pour nous l'abîme, dont il est ici parlé, était une *masse aqueuse.* Que peut-on opposer à un témoignage aussi formel ?

Ainsi, pour nous résumer sur ce point de la fluidité primitive du globe, et de l'état de liberté où ont été, à l'origine des choses, les molécules constitutives de son enveloppe, affirmons que l'exactitude de cette proposition fondamentale n'est pas contestable. Trois dépositions également nettes, positives et sûres, nous l'attestent : ce sont celles des principes fondamentaux de la science chimique et minéralogique ; celles des observations et des mesures de la géodésie ; enfin le témoignage le plus explicite de l'Ecrivain sacré. Il faut convenir que bien des vérités, acceptées sans conteste, sont loin de reposer sur des bases aussi solides.

Nous tiendrons donc désormais pour démontré que

la terre, au moment de sa fluidité, *était liquide toute entière et sans charpente solide à son intérieur.* Ce point est capital, et simplifiera grandement la démonstration de la proposition suivante que nous avons à établir et qui est ainsi conçue :

Les océans n'ont point été formés par le déplacement des eaux marines poussées et conduites dans des bassins préexistants ; mais, au contraire, les continents, en se solidifiant sous les eaux, les ont enfermées et contenues dans l'état où nous les voyons aujourd'hui.

Généralement on a traduit le texte *Congregentur aquæ in unum locum et appareat arida*, par des termes qui emportent l'idée d'un transfert des eaux, allant d'un lieu dans un autre, et roulant sur une charpente rocheuse préexistante. Cette interprétation préconçue a faussé, nous pouvons dire le mot, toute la pensée génésiaque, relativement à la formation de la partie solide du globe. Les commentaires pris dans la Bible elle-même sont formellement opposés à tout ce qui ressemble à un déplacement des eaux entraînées vers un bassin préalablement creusé. Ils disent au contraire, avec toute la clarté possible, que c'est en s'élevant, en s'édifiant autour des abîmes, que les digues ont fini par triompher de leur force expansive, et les contenir en un seul lieu, ou mieux encore en un *ensemble*, *in unam congregationem*, ainsi que s'expriment les Septante. La différence des deux expressions est considérable et facile à saisir. L'une suppose nécessairement le déplacement des eaux dispersées au loin, et mises en mouvement pour se rendre au lieu de leur séjour définitif. L'autre indique une simple séparation entre la partie solide du globe et celle qui devra rester liquide, laquelle se concentrera en un *seul tout, in unam congregationem*, et livrera place à *un aride*. Je dis à un aride et non à *l'aride*, parce que celui-ci n'existait pas encore.

Ce qui va jeter un grand jour sur la distinction importante que nous venons de faire entre l'interprétation des Septante et celle de la Vulgate, ce sont divers passages empruntés aux livres de Job et de Salomon. Ces deux grands génies, comme presque tous les auteurs de la Bible, ont touché, dans leurs écrits, la grande question de la création du ciel et de la terre. Ils l'ont fait évidemment en concordance avec les traditions ayant cours de leur temps. Les idées émises par eux deviennent naturellement le commentaire le plus précieux que nous puissions désirer sur la pensée génésiaque. Je ne mentionne que Job et Salomon, parce que leur témoignage est plus net et plus explicite. Donnons d'abord la parole au patriarche de l'Idumée.

Sa doctrine n'est pas douteuse. J'ai fixé à la mer ses limites, dit le Seigneur ; je l'ai enfermée dans l'enceinte de mes digues, et j'ai imposé à son impétuosité des clôtures et des barrières. *Posui illi (mari) terminos, circumponens claustra et portas* (1).

(1) Job, XXXVIII-10. Version des Sept.

L'esprit de Job était si fort accoutumé à cette idée, généralement reçue, paraît-il de son temps, que le Créateur avait rendu les eaux captives, au moyen de remparts élevés autour d'elles pour les contenir, que, dans un accès de douleur, il pousse un cri vers Dieu, en lui demandant s'il l'assimilait à une *mer* ou à un monstre marin, pour avoir pris le soin de construire autour de lui une prison. *Numquid mare ego sum aut cetus quia circumdedisti me carcere* (1) ?

Le livre auquel nous faisons emprunt, nous offre plus que des indications au sujet des fortifications établies autour des eaux de la mer. Il décrit la manière même dont les choses se sont accomplies sous les eaux, et en termes si exacts et si précis, que la chimie moderne assurément ne les désavouerait pas.

La terre, dit-il, était primitivement divisée comme de la cendre; j'ai agglutiné ses molécules et j'en ai formé des rochers. *Diffusus est sicut terra cinis, et agglutinavi eum sicut lapide cubum* (2). Ajoutons qu'à l'appui de ces textes si remarquables et si instructifs, nous pouvons produire une preuve matérielle et décisive. Elle se tire des fossiles que l'on trouve partout à des centaines de mètres au-dessous du niveau actuel des océans. Tels sont, par exemple, les trilobites des terrains schisteux en général. Le raisonnement est facile à saisir. Les animaux, recouverts par les précipités ardoisiers, n'ont reçu l'existence qu'au cinquième jour

(1) Job, VII-12.

(2) *Id.*, XXXVIII-37. V. des Sept.

de la création. Donc, les roches qui les contiennent sont postérieures au commencement de ce cinquième jour. Donc, au troisième, les cavités préexistantes des mers telles qu'elles sont aujourd'hui n'existaient pas. La terre, en se constituant, a donc bien passé par toute la série de transformations que suit la matière, au témoignage de la science, depuis son état atomique jusqu'à ses composés les plus compliqués. L'illustre président de l'Académie des Sciences voudrait-il douter encore que Moïse, qui devait connaître toutes les traditions dont il vient d'être parlé, eût la conscience d'une longue élaboration du globe terrestre, quand il indiquait, au troisième jour, un moyen de suppléer aux pluies qui faisaient alors défaut?

Mais nous avons encore d'autres preuves à faire valoir : ne les négligeons pas.

Le savant et royal naturaliste de Jérusalem est peut-être plus explicite que le prince de l'Idumée, et surtout plus complet, en ce qu'il fait connaître la cause qui a été mise en jeu pour produire l'effet que Dieu se proposait d'atteindre. C'est bien par une *loi positive*, le mot y est, que Dieu a construit les remparts qui contiennent les mers. Mais il faut citer les paroles mêmes de Salomon. C'est la sagesse divine qui parle. Le Seigneur, dit-elle, m'a possédée au commencement de ses voies...... J'étais présente alors que les cieux opéraient leur travail d'élaboration, quand à l'aide d'une *loi fixe*, et sous une forme circulaire, il construisait des fortifications autour des abîmes. *Quando præparabat cœlos aderam ; quando certa lege et gyro vallabat abyssos* (1).

De même que l'auteur du livre de Job, Salomon, dans un autre de ses ouvrages, indique que les continents ont pris naissance dans une matière à l'état de dissolution, à l'état informe, *creavit orbem terrarum ex materiâ invisâ* (Sap. II-13). Que peut-on réclamer de plus clair et de plus formel ?

Un détail intéressant serait assurément celui qui nous ferait connaître à quelle époque et par qui les traditions primitives ont été détournées de leur sens véritable.

En attendant qu'une autre plume se charge de cette tâche importante, je me permettrai de citer un passage de la Vulgate, qui pourrait bien jeter quelque jour sur la question.

C'est encore au livre de Job, cette mine inépuisable de renseignements, que nous empruntons notre texte. D'après saint Jérôme, la force du Tout-Puissant aurait *rassemblé tout à coup* les eaux de la mer. *In fortitudine illius (Dei) repentè maria congregata sunt* (Job, XXVI-12).

En présence d'une pareille affirmation, si elle était exacte, toute notre thèse, malgré la richesse et la force de nos preuves, devrait être abandonnée. Mais heureusement il n'en sera point ainsi. Le passage sus-mentionné, comme celui du premier chapitre de la Genèse,

(1) Prov., VIII-27.

porte l'empreinte manifeste de l'idée préconçue que nous avons signalée dans l'esprit du saint et illustre auteur de la Vulgate (1).

Si nous nous reportons au texte hébreu et aux Septante, on voit que la pensée traduite par saint Jérôme n'était pas exacte. Il s'agit de l'apaisement des eaux de la mer, au moment où les continents luttaient contre elle pour émerger. Voici, du reste, la version des traducteurs de Ptolémée : *Virtute sedavit mare, et scientia stratus est cetus*. L'hébreu est plus précis encore: *In potentia ejus scidit mare, et in intelligentia sua percussit superbiam.* Le mot *superbia,* d'après les commentateurs, doit être pris dans le sens de *robur, fortitudo.* Pour nous, c'est le gonflement de la mer qui est ici indiqué.

Mais quelle a été la cause de cette agitation tumultueuse des eaux primitives, agitation si persévérante qu'elle a donné à la puissance du Seigneur l'occasion de briller avec un éclat inaccoutumé? C'est ce qui va faire l'objet de notre troisième proposition.

En parlant des causes physiques du déluge, Moïse nous donne un détail précieux et significatif. Toutes les

(1) On sait que le concile de Trente, en déclarant la Vulgate authentique, a borné son approbation à la foi et aux mœurs. Ce sont sans doute les sublimes laconismes de nos Saintes Écritures : *Dixit et facta sunt : mandavit et creata sunt,* qui, pris à la lettre, ont influencé la traduction de saint Jérôme.

sources *du grand abîme*, dit-il, furent rompues : *Rupti sunt omnes fontes abyssi magnæ* (1).

De même, pour mettre fin au terrible cataclysme, il est dit que les sources de l'abîme furent closes, fermées, en même temps que les pluies du Ciel cessaient de tomber. Evidemment le réservoir qui a fourni la partie des eaux supplémentaires pour l'accomplissement des vengeances divines, n'est pas celui des mers supérieures, puisque celles-ci ont reçu, par l'adjonction d'un nouveau liquide, une augmentation de volume. Ce fait, d'après le texte de la Bible, ne paraît pas même pouvoir devenir l'objet d'un doute. La désignation de *grand abîme,* indique assez que le lieu dans lequel les eaux étaient emmagasinées, se trouvait d'une capacité plus grande que le réceptacle des mers ordinaires, appelées simplement l'abîme ou les abîmes.

De ces notions fournies par les passages du récit génésiaque, on peut, je crois, logiquement conclure que, dans l'esprit de l'Annaliste sacré, au-dessous des continents se trouvaient des masses d'eau considérables que Dieu, à un moment déterminé par sa colère, a mises en communication avec le contenu des mers superficielles. Mais le double fait qui se recommande particulièrement à notre attention, est celui-ci : Le Seigneur a *enlevé lors du déluge, et replacé les bondes qui donnaient accès au grand abîme.* Entre

(1) Gen., VII-11.

l'état de choses que nous venons de constater et celui qui paraît avoir existé au moment de la formation de l'*aride*, la ressemblance est frappante. Partout, dans nos livres saints, nous trouvons des allusions évidentes au travail long et difficile de l'émersion des terres fermes, à l'effort incessant de l'abîme inférieur, pour réagir sur les océans supérieurs, et les pousser à l'envahissement des digues qui les contenaient : enfin à la victoire définitivement acquise aux lois du Créateur.

Encore une fois, Job est aussi explicite qu'on peut le désirer sur ce combat des éléments contre la force qui les tenait emprisonnés dans d'infranchissables endiguements. Ouvrons de nouveau son livre et citons. C'est le Seigneur qui parle :

Etes-vous allé jusqu'à la source *de la mer*, et avez-vous pénétré jusqu'aux dernières profondeurs de l'abîme. *Aut venisti ad fontem maris, aut in vestigiis abyssi ambulasti* (1). ?

Ce texte est celui des Septante. Symmaque est plus explicite encore : il écrit : *Usque ad coarctationem fontis;* jusqu'à la partie la plus étroite, jusqu'à l'étranglement de la source. Inutile de faire remarquer avec quelle exactitude se correspondent les ouvertures sous-marines qui ont occasionné le déluge, et celles qui ont poussé les eaux à l'envahissement des terres fermes, alors qu'elles commençaient à émerger. Montrons combien, à l'aide de ces indications sont faciles à saisir les autres textes

(1) Job, XXXVIII-16. Version des Sept.

de Job, sur le même sujet. Ecoutons : c'est toujours al Seigneur qui parle : *Quis conclusit ostiis maré, quando erumpebat quasi de vulva procedens?* Je ne sais pas si l'on trouverait un seul traducteur qui ait exactement rendu, avec sa figure énergique, le passage qu'on vient de lire, et dont la justesse, hâtons-nous de le dire, est parfaite, si l'on tient compte des révélations précédentes.

Les lignes qui suivent s'interprètent d'elles-mêmes.

J'ai renfermé la mer dans mes digues, et j'ai opposé à ses *sourees, des portes et des verroux* (1).

Si la première partie de ce texte significatif se réfère aux bords du bassin des océans, la seconde évidemment ne peut s'appliquer qu'à leurs sources, celles dont nous avons précédemment parlé.

Quand on considère l'état actuel des eaux de la mer, on voit manifestement qu'elles ne sont que le résidu d'un bain autrefois sursaturé. Qui sait si, sans la mesure dont il vient d'être parlé, la précipitation des matières qui ont donné naissance à bon nombre de nos terrains superficiels, eût même été possible ? Au moins, dans le fait de la suppression des apports indéfinis du liquide dissolvant, aperçoit-on une cause naturelle et facile à saisir, d'un changement considérable dans l'état des eaux mères primitives.

De même, ce sublime passage, connu de tout le monde ; j'ai dit : *Tu viendras jusque-là, tu ne passeras*

(1) *Circumdedi illud terminis meis, et posui vectem et ostia.* Job, XXXVIII-10.

pas plus loin, et ici tu briseras l'orgueil de tes flots, nous paraît encore avoir trait au double fait de l'envahissement des continents par les mers, et de leur exhaussement continuel par l'apport des eaux sous-continentales.

L'auteur du Livre des Proverbes fait clairement allusion aux mêmes phénomènes, quand il met les paroles suivantes dans la bouche de la Sagesse : Les abîmes n'étaient pas encore formés, que déjà j'existais. Les sources des eaux (de la mer) *n'avaient point encore jailli*, et j'étais présente devant le Seigneur (1).

Et cet autre passage : J'existais alors qu'il affermissait l'atmosphère, qu'il mettait en équilibre les *eaux des sources de l'abîme*. Nous n'en finirions pas, si nous voulions citer tous les textes qui indiquent que les mers, emprisonnées par des digues, prenaient primitivement leurs eaux dans un réservoir inférieur, servant de supports à la croûte du globe (2).

Quand nous traiterons de la formation des continents, nous essaierons d'expliquer toutes les importantes affirmations qui viennent d'être indiquées. En attendant, contentons-nous de faire observer que les auteurs de la Bible avaient sur l'origine et sur la constitution de la terre des idées arrêtées, des convictions faites. Il serait plus qu'étonnant d'admettre que le

(1) *Nondum erant abyssi, et ego jam concepta eram; necdum fontes aquarum eruperant.* VIII-23.

(2) *Quando æthera firmabat sursùm et librabat fontes aquarum, quando circumdabat mari terminum suum, et legem ponebat aquis ne transirent fines suos; quando appendebat fundamenta terræ.* Ib., 29.

grand génie auquel on doit le livre de la Genèse, eût été étranger à la question qui a préoccupé, à un si haut degré, toute la philosophie des temps antiques.

Nous venons de suivre, pour ainsi dire en détail, l'élaboration et la transformation de la matière, d'où est née l'enveloppe terrestre. On me saura gré, je l'espère, de mettre en regard du récit historique les faits observés, de rapprocher, des descriptions tracées dans nos livres saints, l'examen de ces fameuses *circonvallations* destinées à emprisonner les eaux des océans et à les tenir définitivement captives. La tâche nous sera facile. Nous avons un travail tout fait et préparé comme pour la circonstance. C'est celui de Malte-Brun, l'un des plus célèbres géographes des temps modernes. Donnons-lui la parole :

« Si nous suivons les côtes occidentales de l'Amé-
» rique, depuis le détroit de Béring, nous voyons
» qu'elles ne forment presque point d'interruption
» sensible jusqu'au cap Horn ; nous ne trouvons
» qu'une chaîne non interrompue des plus hautes
» montagnes qu'il y ait sur le globe. De temps en
» temps cette chaîne se retire un peu dans l'intérieur;
» mais le plus souvent elle borde immédiatement le
» Grand Océan par d'immenses falaises, et souvent
» par d'épouvantables précipices. De l'autre côté,
» l'écoulement des lacs et la direction des grandes ri-
» vières montrent assez que toute la surface de l'Amé-
» rique s'incline peu à peu vers l'Océan Atlantique.

» Il résulte de ces observations combinées que les

» plus grandes chaînes de montagnes sur le globe, » sont rangées en *arc de cercle* (1) autour du Grand » Océan et de l'Océan Indien ; qu'elles semblent offrir, » le plus souvent, des descentes rapides vers cet im- » mense bassin qu'elles entourent, et de longues pentes » sur les côtés opposés.

» Enfin, que depuis le cap de Bonne-Espérance » jusqu'au détroit de Béring, et de là jusqu'au cap » Horn, l'œil même de l'observateur le plus timide » croît entrevoir quelque chaînon d'un arrangement » aussi surprenant par son uniformité qu'il l'est par » l'immense étendue du terrain qu'il embrasse.

» Arrêtons un instant nos regards sur ce grand fait » de géographie physique. Si nous nous plaçons dans » la Nouvelle Galle du sud, le visage tourné au nord, » nous voyons, à notre droite, l'Amérique ; à notre » gauche, l'Afrique et l'Asie. Ces continents que na- » guère notre imagination n'osa rapprocher, considé- » rés de ce point de vue, ne forment plus qu'un tout » dont la structure, en tant qu'elle est connue, offre » dans ses grands traits une symétrie étonnante.

» *Une chaîne d'énormes montagnes entoure un énorme* » *bassin* (2). »

Mais ce n'est pas seulement autour du Grand Océan que des remparts ont été construits par la nature, pour contenir les eaux. Toutes les mers méditerranées sont faites sur le même plan. Toutes sont circonscrites

(1) Dans la Bible, *gyro vallabat abyssos*.

(2) *Précis de géographie universelle*, tome II, liv. XXXI.

par des saillies de montagnes qui contrastent singulièrement avec les plaines cachées derrière ces puissantes masses, et comme protégées par elles.

Ce fait devient on ne peut plus saisissant depuis que les cartes en relief nous ont mis à même d'embrasser, d'un seul coup d'œil, l'ensemble des bassins et des continents qui les entourent (1).

Si des grands réservoirs nous reportons nos regards sur les bras de mer et les vallées qui ont été elles-mêmes, avant de se dessécher, des récipients où s'étendaient, sur une plus ou moins vaste échelle, des masses aqueuses, nous retrouvons encore la même disposition. Tant il est vrai que partout les faits parlent comme la science et la Bible.

Maintenant que nous connaissons la pensée de Moïse, il ne sera pas sans intérêt de la suivre à travers les peuples les plus policés de l'antiquité payenne. Elle s'accentue et se dessine plus nettement encore dans les traditions multipliées et lointaines, que la force de la vérité a pu seule rendre si vivaces et si persévérantes. C'est pourquoi nous ne craindrons pas d'entrer dans quelques détails.

Toutes les notions cosmogéniques des anciens peuples, à quelques pays qu'ils aient appartenu, peuvent se réduire à trois théories différentes : l'une fait naître le

(1) On peut consulter avec avantage les plans en relief de G. Beauerkeller.

monde de la matière *éthérée*, répandue dans l'espace. Elle a eu pour auteurs et propagateurs Leucippe, Démocrite d'Abdère, Epicure et quelques autres esprits célèbres dans l'antiquité.

La seconde a tenu l'eau pour l'élément premier de l'univers. Thalès de Milet et son école ont soutenu et développé cette pensée avec distinction. Enfin bon nombre de philosophes, tels que Hippocrate, Gallien et Platon, font du monde l'ouvrage du feu, mais non d'un feu ordinaire. Pour eux, le principe *igné*, qui a donné naissance à notre terre en particulier, et surtout à sa vie organique, était un être *intelligent*, ou, comme l'appelaient les Egyptiens, un *feu ouvrier*, un *feu artiste*, un *feu stabiliteur*.

Pour nous, hâtons-nous de le dire, ces trois manières d'envisager la formation de l'univers, correspondent exactement à trois phases diverses d'un seul et même récit, celui que nous retrouvons en substance parmi les nations primitives, et que Moïse a conservé avec précision, en le consignant par écrit dans son livre de la Genèse.

Mais ce qui intéresse ici particulièrement notre étude, c'est que dans toutes ces origines diverses attribuées au monde, se trouve, plus ou moins explicitement traduite, l'idée de la *création de l'univers par des lois*. Arrivons aux preuves détaillées.

L'origine éthérée du Ciel et de la Terre.

L'origine éthérée de l'univers a été exposée par Laplace, dans nos temps modernes, avec une rare lucidité. Selon le célèbre astronome, le monde aurait commencé par la matière à l'état gazeux et très-tenue, laquelle, en se condensant, se serait résolue en masses plus ou moins vaporeuses, puis en globes liquides, puis enfin en sphères composées de matériaux solides. « Dans l'état primitif où nous supposons le soleil, dit » l'illustre géomètre, il ressemblait aux nébuleuses » que le télescope nous montre composées d'un noyau » plus ou moins brillant, entouré d'une nébulosité » qui, en se condensant à la surface du noyau, le trans- » forme en étoile. »

« Si l'on conçoit, par analogie, toutes les étoiles » formées de cette manière, on peut imaginer leur état » antérieur de nébulosité, précédé lui-même par » d'autres états, dans lesquels la matière nébuleuse » était de plus en plus diffuse, le rayon étant de moins » en moins lumineux.

» On arrive ainsi, en remontant aussi loin qu'il » est possible, à une nébulosité tellement diffuse, que » l'on pourrait à peine en supposer l'existence. Tel » est, en effet, le premier état des nébuleuses que » Herschel a observées avec un soin particulier, au

» moyen de ses puissants télescopes, et dans lesquelles » il a suivi le progrès de la condensation, non sur une » seule, ces progrès ne pouvant devenir sensibles pour » nous qu'après des siècles, mais sur leur ensemble, » à peu près comme on peut, dans une vaste forêt, » suivre l'accroissement des arbres sur les individus » de divers âges qu'elle renferme (1). »

« Le système planétaire, dit ailleurs le même sa- » vant, en parlant des lois qui ont présidé à la forma- » tion des mondes, le système planétaire nous offre » quarante-deux mouvements, dont les plans sont » inclinés à celui de l'équateur solaire, tout au plus » d'un angle droit. *Il y a plus de quatre mille milliards » à parier contre un, que cette disposition n'est point » l'effet du hasard;* ce qui forme une probabilité bien » supérieure à celle des événements les plus certains » de l'histoire, sur lesquels nous ne nous permettons » aucun doute (2). »

Quelques progrès que les nouveaux instruments aient pu faire faire aux observations, et malgré la résolution définitive des nébuleuses en étoiles, il est encore permis de croire que, si l'auteur de l'exposition du système du Monde pouvait être supposé reprendre aujourd'hui sa place parmi les astronomes contemporains, il ne retrancherait pas une unité de ses *quatre mille milliards de probabilités contre une,* tant son système pa-

(1) *Le Système du monde.*
(2) Id.

raît rationnel, juste et solidement étayé. C'est donc bien à tort que des esprits, d'ailleurs religieux et distingués, l'ont tenu si fortement en suspicion (1).

Si donc j'ai bien compris la théorie des anciens et celle de Laplace qui la complète, l'univers se serait constitué à l'aide d'une matière première et tout à à fait élémentaire. Ce serait par une élaboration lente et successive des molécules, ou plus simplement encore des principes atomiques, que le monde se serait organisé partout à la fois, et sous l'empire des mêmes lois générales (2).

(1) Cette expression surtout : *Que l'on pourrait à peine en supposer l'existence*, a paru fort peu rassurante sur les doctrines de Laplace, que l'on a facilement accusé d'admettre l'éternité de la matière.

Pour faire cesser d'aussi vaines appréhensions relativement au passage que nous venons de signaler, nous croyons qu'il suffira de mettre en regard les paroles de saint Augustin sur le même sujet.

« Quelles que soient les ténèbres qui règnent dans les abîmes des eaux, » toujours il y a quelque sorte de lumière, et les choses y ont leur forme » qui les distingue les unes des autres d'une manière perceptible à tout ce » qu'il y a d'animaux et de poissons qui en pénètrent les profondeurs ; au » lieu que le *chaos* auquel la Genèse donne le nom d'*abîme* n'avait aucune » forme et *n'était que ce qu'on peut concevoir de plus approchant du* » *néant*, quoique ce fût quelque chose capable de toutes sortes de formes, » comme il parut depuis. Car c'est de cette *matière informe*, Seigneur, que » vous aviez faite de rien, et qui n'était *presque rien*, que vous avez fait » l'univers, cette grande chose, qui nous paraît si admirable. »

(*Les Confessions de saint Augustin traduites en français*, liv. XII.)

Que pensent de ces paroles les partisans des créations instantanées?

(2) « Combien, se demande l'abbé Reuch, cet état primitif a-t-il duré ? La » seule réponse que l'exégète puisse donner à cette question, c'est qu'il n'en » sait rien. La Genèse rapporte que la terre se trouvait dans cet état de Tôhu

Tel paraît avoir été l'enseignement d'Epicure et de son école. « Un des systèmes les plus célèbres, dit un » encyclopédiste moderne, est celui des atomes dont » les inventeurs furent Leucippe et Démocrite. Sui- » vant cette doctrine, les premiers principes de l'uni- » vers consistaient en un nombre infini d'atomes ou » de particules indivisibles, qui de toute éternité, se » mouvant au hasard et sans dessein dans l'immensité » de l'espace, se rencontrant perpétuellement les unes » les autres, produisirent un mélange fortuit et spon- » tané de tous les genres de substances. Ce système » de cosmogonie, aux tourbillons près, est le même » que celui d'Epicure, tel que Lucrèce nous le pré- » sente. »

Les théories de l'univers prenant naissance par des rudiments atomiques, ont été très-répandues chez les

» Vabôhu, lorsque Dieu commença à l'organiser, sans rien préciser sur la » durée de cet état. Quand même nous aurions quelques données sur la durée » des six jours, nous ne pourrions pas encore répondre à cette question.

» Si donc la science veut évaluer le temps qui s'est écoulé depuis la pre- » mière origine du monde jusqu'au commencement de l'organisation actuelle » de la terre, la Bible lui laisse toute latitude. » (*La Bible et la nature.*)

Pour établir la conclusion qui précède, et que j'accepte sans restriction aucune, le très-savant professeur de l'Université de Bonn émet une proposition qui ne paraît pas exacte. La voici : *Il faut certainement rapporter le commencement du premier jour à l'époque de la création de la lumière.*

Quand il aura pris connaissance de l'étude que je reproduis à la fin de cet écrit, sur les expressions *Vespere et mane dies unus*, peut-être changera-t-il de conviction. Le jour a commencé avec la création de la matière, et non à l'apparition de la lumière, autrement Dieu aurait mis plus de six jours à créer l'univers.

anciens. « La tradition, dit le père Debreyne, conser-
» vée par Diodore de Sicile, mérite d'être mentionnée.
» A l'origine des choses, le ciel et la terre, confondus
» ensemble, n'offraient d'abord qu'un aspect uniforme.
» Ensuite les corps se séparèrent, et le monde revêtit
» la forme que nous lui voyons aujourd'hui (1). »
Quelle parité avec la théorie de Laplace!

On voit facilement qu'entre les atomes primitifs et la matière éthérée, la différence n'est pas sensible. Seuls les noms diffèrent; mais les uns et les autres nous indiquent une cosmogonie née d'éléments premiers et insaisissables.

On a d'Orphée des discours sur la connaissance de Dieu, où il enseigne, entre autres choses, que la divinité a d'abord créé *l'éther*.

Syrianus, dans ses remarques sur le second livre de la métaphysique d'Aristote, nous avertit que dans l'opinion d'Orphée, les cieux et le chaos étaient les principes qui avaient produit toutes choses (2).

Quoiqu'il en soit, tenons pour certain que la tradition relative à l'univers issu de la matière éthérée, était très-répandue chez les anciens, qu'elle soit venue par les écrits mosaïques ou, ce qui est plus probable, qu'elle ait été empruntée à des courants de tradition parallèles à celui du peuple hébreu. Pour ce qui nous intéresse ici, c'est qu'elle répond parfaitement au début de la

(1) Bibliot. historique de Diodore de Sicile, trad. par M. Hœfer.

(2) Gainet, *La Bible sans la Bible.*

Genèse. *Au commencement, Dieu créa le ciel,* ou la matière cosmique, *puis la terre,* qui n'a été que le résultat de sa transformation.

De nombreux passages des Saintes Ecritures font mention de cette distinction importante; et, pour n'en citer qu'un seul, rappelons la lettre de saint Pierre affirmant que les cieux ont *existé les premiers : Quod cœli erant prius* (1). Ainsi les partisans de l'origine éthérée de l'univers étaient en parfait accord avec le récit de l'historien des six jours.

(1) S. Augustin a dit : *Cœli erant olim, et terra de aqua et per aquam constituta.* (Cité de Dieu, ch. XVIII.)

L'origine aqueuse du Ciel et de la Terre.

Le titre de cette étude serait plus exact si, au lieu d'attribuer à l'univers entier une origine aqueuse, il indiquait seulement la formation de la terre au sein des eaux. C'est, en effet, la solidification du globe terrestre par voie humide, qui est surtout mentionnée dans les théories anciennes, bien que les vapeurs répandues au milieu des couches atmosphériques aient pu faire croire à leur dissémination dans l'espace, et conséquemment à leur influence sur la constitution des sphères stellaires et planétaires. D'ailleurs, le fait de la formation aqueuse de la terre admis, l'analogie devait raisonnablement conduire à supposer l'accomplissement de phénomènes semblables dans tout l'ensemble des corps célestes.

Quoiqu'il en soit, les anciens ont cru à l'origine aqueuse de l'univers. La preuve de cette conviction générale est facile à faire. Nous savons ce que pensait Moïse, et comment il a limité son affirmation à ce qui regarde notre planète proprement dite, laissant d'ailleurs le champ ouvert aux conjectures de la science à venir, relativement au monde sidéral.

Si du peuple Juif nous passons aux étrangers, pour leur demander ce qu'ils savent de l'origine de la terre, nous trouvons partout la même doctrine, quoique sous des formes différentes. Plusieurs philosophes grecs, nous l'avons déjà dit, après l'avoir apprise des prêtres égyptiens, ont soutenu la théorie de l'origine aqueuse de la terre. La plus célèbre école, celle de Thalès de Milet, professait que la terre avait pris naissance au sein des eaux, absolument comme l'ont cru et écrit les historiens Juifs.

Festus et d'autres grammairiens payens donnent au mot *aqua* une étymologie qui lui ferait signifier : *Principe, origine de toute chose* (1).

Selon les récits des poètes, la célèbre déesse, qui fut elle-même l'emblême de la fécondité, Vénus, était sortie du milieu des eaux.

Après cette fable religieuse, nous n'avons plus à nous étonner du respect extraordinaire dont nous voyons les eaux, en général, avoir été autrefois l'objet, chez un grand nombre de peuples, et, en particulier, chez les Perses qui les ont eues en vénération jusqu'à leur offrir des sacrifices. Ils n'osaient marcher ni cracher sur elles, de peur de les souiller par quelque impureté (2).

M. Gainet a réuni ensemble les traditions d'un certain nombre de peuples anciens, sur le sujet qui nous occupe. Ces documents précieux doivent trouver ici leur place.

(1) *Aqua à quâ juvamur, vel, ut alii, à quâ omnia, quia ex aquâ cœli, aer, cæteraque omnia creata sunt.* — Cornelius à Lapide, in Joan., IV-9.

(2) Pluche, *Histoire du Ciel.*

Celui, disent les lois de Manou, que l'esprit seul peut percevoir, qui échappe aux organes des sens, qui est sans parties visibles, éternel, l'âme de tous les êtres, que nul ne peut comprendre, déploie sa propre splendeur.

Ayant résolu, dans sa pensée, de faire émaner de sa substance les diverses créatures, il produisit d'abord *le ciel*, et ensuite *les eaux*, dans lesquelles il déposa un germe, et la terre (1).

Au Tonkin, dit M. d'Anselme, le ciel et la terre passent pour être sortis d'une substance matérielle sans intelligence et sans vie.

Au Japon, la tradition fait du chaos un être *confus, flottant*, avant la formation des choses, au sein des *eaux primitives*, telle que pouvait alors être la terre, sans consistance et sans forme, dont parle la Genèse (2).

Suivant les traditions scandinaves, au commencement *un vaste abîme était tout.*

Selon Strabon, les gymnosophistes enseignaient que le monde créé et périssable a eu *l'eau pour principe de son existence* (3).

La première chose que les dieux créèrent, selon les peuples de la Virginie, ce fut l'*eau* (4).

Ainsi, avec les faits scientifiques, avec le récit bi-

(1) *Lois de Manou*, liv. VII.

(2) *Le Monde païen.*

(3) *Annales de phil. chrét.*, tome V, p. 528.

(4) Parchat, *Cérémonies religieuses des divers peuples*, tome I, p. 117.

blique, les traditions antiques sont unanimes à constater que la terre s'est solidifiée au sein des eaux. Donc, cette même terre était en dissolution, ou tout au moins en principe *dans les eaux primitives*. Cette conclusion nous paraît logique et désormais inattaquable.

Arrivons à la troisième tradition.

L'origine ignée du Ciel et de la Terre.

Nous savons maintenant à quelle phase du récit de la création répond la théorie de l'origine éthérée de l'univers, et celle non moins accréditée autrefois, qui attribuait à l'eau comme élément constitutif la formation des merveilles que nous voyons remplir le ciel et la terre.

Comme l'éther et l'eau, le feu eut aussi dans la pensée des peuples primitifs sa part d'action dans l'élaboration du monde, avec la différence, toutefois, que cet *agent*, comme on l'appelle aujourd'hui, était un être doué de vie et de facultés intellectuelles.

C'était, au dire de plusieurs philosophes, nous l'avons déjà vu, un *feu ouvrier*, un *feu artiste*. Hâtons-nous de constater qu'il faut reconnaître, sous cette dénomination, le principe, appelé *l'Esprit de Dieu*, *l'Esprit créateur de l'univers, le principe vital des essences divines, le soutien de tous les mondes* (1), qui, en échauffant les eaux de l'abîme chaotique, a préparé la minéralisation des composés chimiques, et donné ensuite la vie aux plantes et aux animaux.

Pour nous convaincre de l'identité des notions cosmogoniques consignées dans la Bible, et de celles ré-

(1) Suscript. du grand temple d'Esneh., Champollion. Lettre XII, écrite d'Egypte. Voir le *Moniteur* du 26 août 1829.

pandues parmi les païens, il suffit, en les rapprochant, de les mettre en regard les unes des autres. Sanchoniaton, l'un des plus anciens historiens connus, dans des fragments recueillis par Eusèbe, dit que deux principes, un *chaos* et un *esprit*, furent l'origine de toutes choses.

Le premier était un amas confus de matière hétérogène qui, pendant longtemps, n'eut point de bornes. Le second était une *substance éternelle*, douée de facultés intellectuelles et génératives. Selon le même auteur, le monde dut son origine à l'union de l'esprit avec son principe (le chaos), dont il est résulté le germe de toutes les créatures. C'est ce germe qui donna naissance à l'univers, et produisit les astres, les plantes et les animaux (1).

Le génie du feu, des Egyptiens, d'après Hippocrate, le feu *artiste* de Gallien, *l'âme* du monde de Platon, la *vertu plastique*, la *chaleur radicale* et intelligente de plusieurs philosophes anciens, ne sont autres évidemment que le principe dont il a été précédemment parlé. Platon, en effet, disait positivement que *l'esprit de Dieu* était l'âme du Monde, donnant aux eaux et à toute la nature l'animation et la vie.

Virgile, de son côté, n'a-t-il pas écrit quelque part :

Spiritus intus alit totamque infusa per artus,
Mens agitat molem, et magno se corpore miscet.

(1) *Encyclopédie moderne.* — Art. Cosmogonie.

Dans la loi de Manou, chez les Indiens, l'esprit de Dieu s'unit à la mer universelle, sur laquelle il passa des milliers d'années avant de rien disposer. Mais les eaux, *source de tous les êtres,* avaient été elles-mêmes créées.

Porphyre, dans Eusèbe, dit que le *Demiurge,* appelé *Cnef* ou *Cnouphis,* avait jeté, par la bouche, un œuf, d'où était né un autre Dieu que les Egyptiens appelaient *Phtha.* Cnef ou Cnouphis est évidemment le Créateur de la matière ou du chaos représenté par l'œuf. Le Dieu *feu* ou *Phtha* qui se manifeste dans cet œuf, d'où devait sortir le monde, n'est autre que le souffle divin, auquel Virgile et Moïse accordent une si grande action sur la transformation de la matière.

Mais quel symbole que celui de cet œuf primitif voulant dire, si je ne me trompe, que le monde aujourd'hui existant et organisé, est au chaos du commencement ce que le corps de l'oiseau est à l'œuf lui-même. L'un et l'autre, en effet, le globe et l'oiseau, n'ont été dans leur bain respectif qu'en puissance ou en germe et non en acte. Comme cette théorie, qui n'est pas moins ancienne que le récit génésiaque, s'accorde bien avec lui ! Et comme aussi elle est éloignée d'une création générale et tout d'un seul jet !

Dans la Genèse, en effet, de même que chez les païens, le feu créateur est personnifié. C'est l'esprit de Dieu qui échauffe la matière chaotique. Au témoignage de saint Jérôme, de saint Bazile, de Théodoret et de presque tous les Pères, dit *Cornelius à Lapide*, l'esprit qui était porté sur les eaux était bien l'esprit du Seigneur, l'esprit qui procède du Père et du Fils, lequel par sa présence et par sa *puissance a échauffé* et vivifié les eaux par son souffle divin (1).

Ce qui rend plus frappante encore et plus incontestable cette affirmation du célèbre commentateur des Saintes Ecritures, c'est que toute la liturgie catholique professe elle-même jusque dans ses chants et ses prières le dogme qui attribue au *feu intelligent* l'organisation du monde et la vie qu'il possède.

Quoique prises dans un sens surnaturel, les invocations suivantes n'en prouvent pas moins en faveur de la création proprement dite, cette dernière, au témoignage de saint Paul, ayant été la figure et le symbole du travail que le Saint-Esprit a opéré dans les âmes.

Venez en nous, disent les hymnes chrétiennes, ô *Esprit créateur*, et remplissez de vos dons les cœurs que vous avez *créés : Veni, Creator spiritus, imple supernâ gratiâ, quæ tu creasti pectora* (2).

Dans beaucoup d'autres invocations, l'Esprit-Saint est appelé l'Esprit de lumière, la lumière bienheureuse : *O lux beatissima ;* la lumière des cœurs, *Lumen cordium*, etc., etc.

Il est aussi caractérisé par les ardeurs du feu. *Ure*

(1) *Commentaria in Genesim.*
(2) Hymne de la Pentecôte.

igne sancti Spiritus renes et cor nostrum, Domine. Dans l'Evangile, saint Jean-Baptiste dit aux Juifs que celui qui viendra après lui, les baptisera dans l'*Esprit* et le *feu*. *Ipse vos baptizabit in Spiritu et igne* (Math., III-11). Tout ceci justifie le symbole adopté par l'Esprit créateur, à savoir : le *calorique* que les langues primitives unissent toujours à la lumière, ou mieux qu'elles dénomment par les deux mots réunis : *lumière-calorique* (1).

L'Eglise fait plus que d'adresser des hymnes à l'*Esprit créateur :* elle professe formellement et solennellement sa croyance dogmatique à l'*Esprit qui donne la vie. Credo in Spiritum sanctum... vivificantem* (2).

Aucune des traditions que nous venons de rapporter et qui semblent quelquefois se contredire ne gênent notre interprétation. Il en est de même des invocations

(1) J'ai parlé du baptême indiqué par saint Jean, lequel baptême n'est autre que celui des chrétiens. Il donne lieu, quand on le considère dans sa matière et dans sa forme, à des rapprochements du plus haut intérêt. Dans sa matière : On sait que l'eau est un composé de deux principes, appelés *générateurs*, l'oxygène et l'hydrogène, unis par un troisième, le calorique, que la science, bien qu'elle le reconnaisse comme nécessaire à toutes les combinaisons chimiques, n'a pas encore osé inscrire sur ses listes, parce qu'elle n'a pu, jusqu'à ce moment, ni le palper, ni le coercer.

En regard de cette trinité élémentaire, mais constituant un être *unique*, Jésus-Christ a mis une autre trinité infiniment plus élevée, c'est celle des trois personnes divines, dont la puissance, nominativement invoquée par le prêtre, doit donner à l'eau, d'où le monde est sorti, la vertu *régénératrice*.

En vérité, je plaindrais bien un esprit assez peu apercevant pour ne voir dans un pareil ordre de faits et d'idées que le résultat du hasard.

(2) Symbole de Nicée, chanté tous les dimanches à la messe.

du culte catholique à l'*Esprit de feu* anciennement connu. Toutes se réfèrent à l'Esprit divin qui s'est manifesté dès le principe de la création, et que nous adorons comme troisième personne de la Sainte-Trinité.

Depuis que le polythéisme s'est répandu sur la terre, depuis que la notion de la création *ex nihilo* s'est perdue chez la plupart des anciennes générations, il est aisé de comprendre que les philosophes, recueillant les traditions patriarchales, les aient maintenues, quoiqu'en les défigurant et en attribuant à la matière et aux lois qui l'ont transformée, une existence éternelle.

Mais, répétons-le encore, chez le peuple choisi comme parmi les nations païennes, dans les rites catholiques, comme sous les formes des cultes séparés du sien, partout et toujours, l'Esprit auquel la création est attribuée, est l'Esprit éternel de Dieu, consubstantiel à lui et de puissance égale à la sienne.

Pour conclure, en quelques mots, de tout ce qui a été établi dans les trois précédentes études, nous dirons qu'en regard de la théorie *éthérée* des anciens, il faut mettre le texte de la Bible : *In principio Dèus creavit cœlum et terram*, et son commentaire : *Istæ sunt generationes cœli et terræ*, qui en fixe le sens.

A la théorie *aqueuse*, il faut opposer le *congregentur aquæ in unum locum et appareat arida*.

De même l'origine *ignée* du ciel et de la terre devra s'expliquer par le *Spiritus Dei ferebatur super aquas*, qui a donné la vie au chaos, en l'échauffant de son souffle divin, et qui n'est autre que l'Esprit qui a paru dans le Cénacle sous forme de feu.

Mais ce qu'il faut particulièrement remarquer, c'est que toutes ces diverses manières de concevoir la création s'accordent sur ce point capital, que les transformations, en nombre presque infini, auxquelles la matière, primitivement créée, a donné lieu, se sont accomplies par des lois diverses et successivement instituées. La végétation, évidemment, s'est élaborée de la même manière, et, à l'aide du temps, cet élément rigoureusement nécessaire à l'accomplissement des lois physiques. Or, quand Moïse nous raconte comment Dieu a pourvu au premier de tous les besoins des plantes, l'irrigation, est-il bien possible d'admettre qu'en présence de la conviction générale de son temps, ce grand historien n'ait pas eu *conscience* de ce qu'il écrivait pour l'instruction des générations à venir ?...

LA SCIENCE DES ANCIENS

I.

Maintenant que nous connaissons la pensée de Moïse et des anciens sur la formation de l'univers, il nous sera plus facile d'apprécier le degré de science qu'ils possédaient.

En précisant ses preuves contre mes affirmations, le savant et illustre Président de l'Académie, qui me fait l'honneur de me contredire, rend ma réponse moins laborieuse. Je ne négligerai point cet avantage qu'il veut bien me donner. Mais avant tout, et pour éviter les malentendus, nous devons soigneusement distinguer entre la connaissance des vérités scientifiques, résultat du travail et de l'observation, et celle que les peuples anciens ont reçue par le canal de la tradition. Si les premières de ces notions se confondent avec les découvertes qui constituent aujourd'hui ce qu'on appelle le progrès des sociétés modernes, les secondes seront assez bien représentées par le savoir philosophique et religieux qu'acquière un enfant qui possède exactement son catéchisme. Cette jeune intelligence est assurément dans l'impuissance de faire la démonstration de tout ou partie des hautes vérités qu'elle a reçues, mais elle n'en est pas moins en possession d'un trésor de connaissances que n'avaient pas les plus grands philosophes de l'antiquité païenne.

Ainsi paraît-il en avoir été parmi les races primitives. Elles se sont transmises les unes aux autres un riche héritage de données scientifiques dont nous aurons plus tard à rechercher l'origine. Pour le moment, il doit nous suffire de bien constater ce fait de première importance.

Entre autres témoignages de l'infériorité scientifique des générations primitives sur les nôtres, M. Faye invoque celui de l'évaporation des eaux dont le jeu, dit-il, ainsi que l'effet, relativement à l'alimentation des fleuves et des rivières, *n'étaient pas connus des anciens, avant et même longtemps après Moïse* (1). Rien ne me sera plus aisé que d'opposer à ces paroles des textes formels. Commençons par les plus récents.

Au premier chapitre du livre de l'Ecclésiaste dû, comme on sait, à la plume de Salomon, se trouvent énoncées quelques vérités de l'ordre physique, invoquées par le royal écrivain, précisément parce qu'elles avaient ce caractère particulier d'être connues de tout

(1) *Voir* page 18.

le monde. Or, parmi ces notions presque vulgaires, dans l'antiquité, se trouve mentionnée la circulation des eaux sur le globe. C'est bien la vérité scientifique contestée.

Tous les fleuves entrent dans la mer, et la mer ne déborde point ; les fleuves retournent au même lieu d'où ils sont sortis pour couler encore. *Omnia flumina intrant in mare, et mare non redundat ; ad locum undè exeunt, flumina revertuntur, ut iterùm fluant* (1).

Les fleuves, dans la pensée du très-intelligent roi d'Israël, est-il besoin de le dire ? ne retournaient pas, à contre-pente, du bassin des mers au sommet des montagnes, par des cours d'eau souterrains, mais bien par la voie aérienne, et sous la forme de vapeurs atmosphériques. Divers passages de ses écrits le prouvent d'ailleurs surabondamment. Si les nuées, dit-il, sont chargées, la pluie se répandra sur la terre avec abondance (2). Souviens-toi de ton créateur, dit-il à l'adolescent, pendant les jours de ta jeunesse, avant que le soleil, la lune et les étoiles s'obscurcissent et que les *nuées reviennent après la pluie* (3).

Nous avons plus et mieux que ces passages déjà si explicites. Au livre de Job, *Eliu*, l'un des plus importuns visiteurs du patriarche malheureux, essaie de l'entretenir de la puissance du Très-Haut, dont les

(1) Eccl., I-7.

(2) *Si repletæ fuerint nubes, imbres super terram effundent.* Eccl., XI-3.

(3) *Memento Creatoris tui..... antequam..... revertentur nubes post pluviam.* Eccl., XII-2.

années sont sans nombre et la science sans limite. C'est lui, ajoute-t-il, *qui élève en l'air les gouttelettes de la pluie, et répand ensuite les eaux du ciel comme des torrents. Qui aufert stillas pluviæ et effundit imbres ad instar gurgitum* (1).

La formation des nuages par l'évaporation, et leur transport, à l'aide des vents, n'étaient donc pas inconnus des peuples d'autrefois. Ce point se trouve encore établi par de nombreux passages du livre de Job (2).

Quand ce grand génie parle des colonnes du ciel, on voit facilement quelle était sa pensée, lui qui savait que le globe terrestre ne reposait sur aucune base solide : *Qui (Deus) appendit terram super nihilum.* Savoir que la terre était isolée dans l'espace, c'est déjà faire preuve, il faut en convenir, d'une science qui n'était pas élémentaire. Et quelle valeur voudra-t-on désormais attribuer au texte qui m'est opposé avec tant de confiance par M. Faye : *qui (cœli) solidissimi quasi acre fusi sunt*, et surtout quand on saura que ces paroles sont sorties de la même bouche d'Eliu, qui a si bien expliqué, tout à l'heure, le transport atmosphérique des eaux (3) ?

Et puis, je me permettrai de faire observer que dans les Septante, et le texte hébreu lui-même, il n'est

(1) Job, XXXVI-27.

(2) *Qui ligat aquas in nubibus suis, ut non erumpant pariter deorsum.* Job, XXVI-8.

(3) Job, XXXVII-18.

nullement question d'*airain*, mais simplement de l'aspect d'une chose fondue, *validæ ut visio effusionis*. Qui donc trouvera mauvais que cette comparaison ait été choisie par l'Ecrivain sacré pour exprimer la beauté des cieux et leur stabilité merveilleuse.

Nous avons déjà invoqué le témoignage de Job; nous retrouverons souvent encore son langage si net et si précis, relativement aux vérités de l'ordre physique, énoncées dans son livre, qu'il ne serait pas désavoué par les savants eux-mêmes de notre époque; mais n'anticipons pas.

Quant à Moïse, qui a été *élevé dans toute la sagesse des Egyptiens* (1), tenons pour certain qu'il avait des notions scientifiques bien plus étendues qu'on affecte généralement de le croire. Pour n'en produire qu'un exemple ressortant de rapprochements dont je suis heureux d'offrir la primeur à l'honorable et très-savant M. Faye, je citerai la création motivée de l'atmosphère ou du firmament.

C'était un fait connu dans toute l'antiquité judaïque, que la terre, à son origine, avait été recouverte de profondes masses de vapeurs d'eau. Le patriarche de l'Idumée fait dire au Seigneur qui l'interroge : Où étais-tu, alors que je donnais pour vêtement à la terre une nuée de vapeurs, et que je l'enveloppais dans l'obscurité, comme dans les langes de l'enfance ? *Ubi*

(1) Act. Apost., VII-22.

eras... cum ponerem nubem vestimentum ejus (terræ) et caligine illud quasi pannis infantiæ obvolverem (1).

L'auteur du livre de l'Ecclésiastique n'est pas moins explicite sur la même particularité. Il met dans la bouche de la Sagesse ces paroles significatives : J'ai été engendrée avant toute créature... et j'ai *enveloppé toute la terre* (à son origine) *comme d'une nuée. Sicut nebula texi omnem terram* (2).

On pourrait encore produire bon nombre de passages, où le fait étonnant, dont nous venons de parler, est plus ou moins indiqué. Ne me demandez pas, quant à présent, d'où a pu venir aux anciens la singulière notion que nous venons de constater. Qu'il me suffise d'affirmer que Moïse la possédait à un degré plus marqué encore, si l'on peut ainsi parler, que tous les autres. Cette conviction ressort, avec évidence, de l'ensemble de son récit. Il établit d'abord que la superficie du globe terrestre n'était qu'une mer immense, au-dessus de laquelle était porté l'esprit de Dieu. Il est vrai qu'il ne dit rien, pour le moment, de son enveloppe vaporeuse. Mais, attendez : s'il n'en parle pas, du moins il suppose la notion acquise aux traditions de son temps.

En effet, arrivé au deuxième jour, il donne pour raison d'être à la création de l'atmosphère aérienne, autrement dit le firmament, précisément la nécessité de faire cesser

(1) Job, XXXVIII-9.
(2) Eccles., XXIV-6.

la surabondance des vapeurs qui servaient de *langes* à la terre, avant son organisation. *Fiat firmamentum in medio aquarum, ut dividat aquas ab aquis* (1).

Et pour qu'on ne se méprenne pas sur sa pensée, il ajoute : Et Dieu fit le firmament, et *il divisa les eaux d'en bas*, de celles *d'en haut. Divisitque aquas quæ erant sub firmamento, ab iis quæ erant super firmamentum* (2). Voilà une série d'affirmations assurément bien étonnantes, lesquelles pourtant paraissent se bien tenir et s'enchaîner les unes aux autres. Est-ce qu'il y aurait là quelque conséquence des lois physiques, à nous connues ? Voyons ce que dit, à ce sujet, la science moderne.

Les expériences nous apprennent ceci : Quand on fait le vide, à l'intérieur d'un tube de verre, dans lequel on a préalablement introduit une petite quantité d'eau, on voit la vapeur monter instantanément, au fur et à mesure que l'air disparaît. De là, il faut logiquement conclure que si les couches aériennes cessaient un instant de peser sur les eaux, la terre, même aujourd'hui, serait immédiatement enveloppée par une atmosphère de vapeurs, absolument comme elle l'était dans le principe, au témoignage de Job et de l'auteur du livre de l'Ecclésiastique.

J'accorderai, sans difficulté, que Moïse n'a dressé aucune table des tensions de la vapeur d'eau à des

(1) Gen., I-6.
(2) Gen., I-7.

températures données; qu'il n'a pas, si l'on veut encore, démontré et calculé la pesanteur de l'air, comme Pascal et Torricelli; mais qu'il n'ait pas compris que l'atmosphère était la cause coercitive de la vaporisation de l'eau, voilà ce que je ne puis admettre.

Un rare bonheur, il faut en convenir, aurait favorisé l'écrivain des six jours, si le hasard seul l'avait fait arriver, avec une pareille exactitude, à l'exposé d'une théorie aussi remarquable que l'est, en soi, celle de la Genèse.

Je dis le hasard, car le digne et savant M. Faye ne veut pas que la *science proprement dite puisse être l'objet de révélations directes* (1).

Je le laisse donc en présence des faits ci-dessus exposés, et je reviens à l'illustre et royal naturaliste de Jérusalem (2).

(1) *Voyez* page 22.

(2) M. Faye me semble avoir fait une confusion très-regrettable du firmament que la Genèse appelle le *ciel*, *vocavit Deus firmamentum* cœlum, avec le *ciel* sidéral, qui en était parfaitement distinct aux yeux des auteurs de la Bible. La preuve de la justesse de leurs connaissances sur ce point, se trouve dans le passage même du Décalogue, indiqué par mon illustre contradicteur. Le voici, tel que l'offre le Deutéronome, ch. V-6 : *Non facies tibi sculptile nec similitudinem omnium quæ in cœlo sunt* desuper, *et quæ in terra* deorsum, *et quæ versantur in aquis sub terra*. Au témoignage de tous les exégètes, le Seigneur défend à son peuple de se faire aucune image sculptée des astres qui sont *par-dessus le ciel* (le firmament ou les couches aériennes), *quæ in cœlo desuper*. Egalement, pour tout ce qui est au-dessous du même ciel, sur la terre, *in terra deorsum*. Evidemment ici l'atmosphère est prise pour milieu entre le *dessus* et le *dessous*.

Quant à la troisième partie du texte *et quæ versantur in aquis sub terra*,

Salomon a travaillé beaucoup et produit de nombreux ouvrages. Ses historiens nous assurent qu'il a discouru sur les plantes, depuis le cèdre du Liban jusqu'à l'hysope qui croît sur les murailles. Il a également étudié les animaux de la terre, les oiseaux du ciel, les reptiles et les poissons de la mer (1).

De toutes les contrées on venait pour l'entendre, et tous les rois de la terre envoyaient à ses leçons (2).

Il faut convenir que bien des professeurs du Collége de France se tiendraient pour grandement flattés s'ils obtenaient autant de succès et s'ils avaient à parler devant des auditoires composés comme étaient ceux qui venaient apprendre la science et la sagesse de Salomon.

Une grande partie des connaissances de l'ordre

elle désigne, à n'en pouvoir douter, les créatures contenues par le bassin des mers. On voit maintenant pourquoi le Décalogue qui, selon M. Faye, *mentionne les eaux inférieures du ciel sans dire mot des eaux supérieures qui n'existent pas*, se tait sur ces mêmes eaux supérieures. Si les paroles que nous venons de rapporter n'étaient celles de Dieu lui-même, je dirais qu'elles prouveraient fortement en faveur de la science des Anciens.

Au moins, faut-il convenir que l'auteur d'un livre qui exprime des idées aussi précises et aussi avancées en uranographie, connaissait bien toute la portée de ses affirmations, quand il établissait qu'avant le soleil il n'y avait pas de pluie possible, et que, conséquemment, si Dieu n'y avait pourvu, les végétaux n'auraient pu croître et se développer sur la terre. Mais n'anticipons pas, et attendons que vienne la question de la germination des plantes.

(1) *Disputavit super lignis, a cedro qua est in Libano usque ad hysopum quæ egreditur de pariete, et disseruit de jumentis et volucribus et reptilibus et piscibus.* III lib. Reg., IV-33.

(2) *Ibid.*

physique, possédées par le grand roi d'Israël, étaient dues, sans doute, à l'étude ; mais je ne crains pas de l'affirmer aussi, et quoiqu'en pense mon honorable contradicteur, à *l'inspiration directe*. Nous avons, sur ce point, le témoignage même du célèbre et savant fils de David. Il confesse *devoir à Dieu* « la connaissance de » ce qui est, la disposition du monde, les mystères et » les vertus des éléments, le commencement, le mi- » lieu et la fin des temps, les changements causés » par l'éloignement et le retour du soleil, la vicissi- » tude des saisons, les révolutions des années, la dis- » position des étoiles, la nature des animaux, l'ins- » tinct des bêtes, la violence des vents, les pensées » de l'homme, la variété des plantes et les propriétés » des racines. Enfin, j'ai appris, ajoute-t-il, *tout ce* » *qui était caché et qui n'avait point encore été décou-* » *vert, parce que la sagesse même, qui a tout créé,* » *me l'a enseigné* (1). »

Ainsi, à l'aide de son travail personnel et de *l'inspiration* qui, comme on le voit, n'est point refusée à la science, Salomon a étendu l'horizon des connaissances humaines, à son époque. Les livres que nous possédons de lui, nous garantissent la grande valeur de ceux que nous avons perdus. Le digne président de l'Académie de Paris, lui qui d'ordinaire est si délicat et si aimable dans ses appréciations du mérite des autres, a sans doute dépassé sa pensée, quand il a dé-

(1) III lib. Reg., IV-33.

nié, d'une manière générale, aux Anciens, des notions de science réelle. Au moins, pour le royal naturaliste de Jérusalem, j'oserai demander une exception que la justice de M. Faye, je n'en doute pas, s'empressera de m'accorder.

II.

Cependant, si Salomon a fait monter le niveau des études de son temps, il ne faut pas croire que les nations qui ont précédé son règne aient été sans un avoir scientifique quelque peu remarquable. Pour rester dans la spécialité des travaux d'histoire naturelle, écoutons ce que Buffon, qui s'y entendait, nous révèle des progrès et de l'étendue de ces connaissances dans l'antiquité.

« On reproche aux Anciens de n'avoir pas fait de » méthodes, et les modernes se croient fort au-dessus » d'eux, parce qu'ils ont fait un grand nombre d'ar- » rangements méthodiques et de dictionnaires. Ils » se sont persuadé que cela seul suffit pour prou- » ver que les Anciens n'avaient pas, à beaucoup » près, autant de connaissances en histoire natu- » relle que nous en avons. Cependant, c'est tout le » contraire, et nous aurons, dans la suite de cet ou- » vrage, mille occasions de prouver que les Anciens

» étaient beaucoup plus avancés et plus instruits » que nous ; je ne dis pas en physique, mais dans » l'histoire naturelle des animaux et des minéraux, » et que les faits de cette histoire leur étaient bien » plus familiers qu'à nous, qui aurions dû profiter » de leurs découvertes et de leurs remarques. En » attendant qu'on en voie des exemples en détail, » nous nous contenterons d'indiquer ici les raisons » générales qui suffiraient pour le faire penser, » quand même on n'en aurait pas des preuves parti- » culières.

» La langue grecque est une des plus anciennes, » et celle dont on a fait le plus longtemps usage. » Avant et depuis Homère, on a écrit et parlé grec, » jusqu'au XIIIe ou XIVe siècle. Cette langue qu'on doit » regarder comme la plus parfaite et la plus abon- » dante de toutes, était, dès le temps d'Homère, » portée à un grand point de perfection, ce qui sup- » pose nécessairement une ancienneté considérable » avant le siècle même de ce grand poëte. Car l'on » pourrait estimer l'ancienneté ou la nouveauté » d'une langue par la quantité plus ou moins » grande des mots et la variété plus ou moins » nuancée des constructions. Or, nous avons dans » cette langue les noms d'une très-grande quantité » de choses qui n'ont aucun nom en latin ou en » français. Les animaux les plus rares, certaines » espèces d'oiseaux ou de poissons, ou de minéraux

» qu'on ne rencontre que très-difficilement, très-
» rarement, ont des noms, et des noms constants
» dans cette langue : preuve évidente que ces objets
» de l'histoire naturelle étaient connus, et que les
» Grecs non-seulement les connaissaient, mais même
» qu'ils en avaient une idée précise, qu'ils ne pou-
» vaient avoir acquise que par une étude de ces
» mêmes objets, étude qui suppose nécessairement
» des observations et des remarques. Ils ont même
» des noms pour les variétés, et ce que nous ne
» pouvons représenter que par une phrase, se
» nomme dans cette langue par un substantif. Cette
» abondance de mots, cette richesse d'expressions
» nettes et précises, ne supposent-elles pas la même
» abondance d'idées et de connaissances ? Ne voit-
» on pas que des gens qui avaient nommé beaucoup
» plus de choses que nous, en connaissaient, par
» conséquent, beaucoup plus (1) ? »

Que pense l'honorable M. Faye de ce témoignage de notre célèbre Buffon ?

Mais c'est assez sur l'histoire naturelle ; passons à la science astronomique des races patriarchales.

III.

On a beaucoup et très-diversement écrit sur la science sidérale des anciens peuples. Les uns, sui-

(1) *Histoire nat.*, premier discours.

vant le point de vue auquel ils se sont placés, l'ont démésurément exagérée pour en tirer des conséquences absolument inadmissibles, en ce qui regarde l'ancienneté des premiers habitants du globe. D'autres, en voulant défendre l'apparition, relativement récente, de la race humaine sur notre planète, se sont jetés dans l'excès contraire, et ont fait bon marché de toutes les inductions des connaissances astronomiques répandues parmi les civilisations des premiers âges. Nous avons évidemment à nous prémunir ici contre les dangers du double écueil qui vient d'être signalé, et à nous appliquer, avant tout, à demeurer dans les bornes d'une saine appréciation des choses et des faits.

La distinction importante que nous avons faite au commencement, entre les vérités scientifiques acquises par l'étude, et celles qui n'ont été connues que par la tradition, va puissamment nous aider à concilier toutes les opinions, même les plus divergentes.

Si nous considérons les trois peuples qui ont jeté le plus d'éclat dans l'antiquité : les Indiens, les Chaldéens et les Egyptiens, nous sommes frappés des traits de ressemblance qui les rapproche les uns des autres. Ils avaient même constitution politique et religieuse. Chez les uns et chez les autres, une caste héréditaire était exclusivement chargée du dépôt de la religion, des lois et des sciences. Cette caste, dit Cuvier, avait son langage allégorique et sa doctrine secrète. Chez les trois nations, elle se réservait le privilége de lire et d'expliquer les livres sacrés, dans lesquels toutes les connaissances avaient été révélées par les dieux eux-mêmes (1).

Un autre point qui n'est pas moins bien établi, est le suivant : Les principales nations de l'Occident, même celles dont la civilisation a eu le plus de retentissement, sont allées demander à ces trois peuples les principes des sciences qu'elles ont ensuite cultivées et développées par leurs propres observations.

Personne n'ignore, dit Bailly, que les Grecs ont tiré leurs arts, leurs sciences et leurs dieux eux-mêmes, de l'Egypte et de la Phénicie (2).

On sait, en outre, que presque tous les grands philosophes de l'Attique et de l'Italie ont accompli de nombreux voyages en Egypte, en Assyrie et dans l'Inde, pour apprendre de ces nations policées les secrets des sciences antiques, et particulièrement de l'astronomie.

L'avantage des peuples primitifs, en tant que gardiens du dépôt des traditions et des sciences, ne peut donc être contesté.

De même je pourrais me prévaloir de la supériorité intellectuelle de l'Orient sur l'Occident, pour affirmer que Moïse en savait plus qu'on est disposé à l'admettre, en ce qui touche l'histoire du monde et les secrètes

(1) *Discours sur les révolutions de la surface du globe.*

(2) *Hist. de l'astron.*, tome I, p. 7.

particularités destinées a lui en donner l'intelligence. Mais je veux aller plus loin et entrer dans les détails.

Qui n'a entendu parler de la grande année des patriarches? L'historien Josèphe dit qu'elle se composait de six cents ans, et qu'elle servait à mesurer le temps dans les âges primitifs. Le célèbre Cassini est le premier qui, ayant fait attention aux passages des *Antiquités Judaïques*, fut frappé de la justesse de cette période extraordinaire, et des conclusions qu'on en pouvait tirer, en ce qui concerne l'année ordinaire, au temps des patriarches.

Voici comment il apprécie cette magnifique division du temps, qu'il a su tirer du profond oubli où elle était tombée. « Il est constant, dit-il, que, dès le pre- » mier âge du monde, les hommes avaient déjà fait » de grands progrès dans la science du mouvement » des astres ; on pourrait même avancer qu'ils en » avaient beaucoup plus de connaissance que l'on » en a eu longtemps après le déluge, s'il est bien vrai » que l'année dont les anciens patriarches se ser- » vaient, fût de la grandeur de celles qui composent » la grande période de six cents ans, dont il est fait » mention dans les Antiquités Judaïques (1). »

Ce qui fait la valeur et la beauté de la grande année patriarcale, c'est qu'elle contient, à quelques minutes près, un nombre exact de révolutions, tant

(1) *De l'origine et des progrès de l'astronomie.* Mémoire de l'académie, tome VIII, p. 6.

du soleil que de la lune, ce qui lui a fait donner le nom de *Luni-solaire*.

L'éminent astronome auquel je m'adresse sait mieux que personne tout le bruit qu'on a fait, suivant les passions qui étaient en jeu, à l'occasion de cette découverte inattendue. Elle a jeté l'étonnement et l'hésitation dans le monde instruit. Constamment et obstinément placés au point de vue de la marche de nos sciences modernes, les savants ont été effrayés des conséquences qu'on en pouvait et qu'on en voulait tirer.

On a dit : Quel peuple a jamais été assez instruit pour arriver à une découverte qui ne supposerait pas moins de trois mille ans de civilisation avancée, et des instruments aussi perfectionnés que le sont ceux d'aujourd'hui.

Avec Cassini, des hommes spéciaux tels que : Mayran, Buffon, Bailly, et quelques autres, ont conclu à l'existence des peuples antédiluviens, dont les progrès dans les sciences et les arts auraient dépassé d'emblée les connaissances dont nous sommes aujourd'hui en possession.

De là, un remaniement de toutes les données de l'histoire, et un renvoi de l'apparition de l'homme sur la terre à une époque pour ainsi dire indéfinie. De là l'empressement de tous les adversaires de la religion chrétienne, à accueillir l'existence d'un monde antéhistorique, dont nous, pauvres déshérités, nous ne recueillons que les débris. Bailly est formel : *Quand on considère avec attention, dit-il, l'état de l'astronomie dans la Chaldée, dans l'Inde et dans la Chine, on y trouve plutôt des débris que les éléments d'une science* (1). Et ceci est imprimé en gros caractères.

Buffon, de son côté, fait entendre des accents vraiment lamentables. Ecoutez : *Malheureusement elles ont été perdues ces hautes et belles sciences, elles ne nous sont parvenues que par débris trop informes pour nous servir autrement qu'à reconnaître leur existence passée* (2) *!!*

D'autre part, quelques encyclopédistes du XVIIIe siècle, que de pareils faits gênaient apparemment, ont essayé d'en éluder les conséquences, en disant que Josèphe avait recueilli des peuples Orientaux les notions astronomiques dont on vient de lire l'exposé, et que, par orgueil national, il s'est plu à les attribuer aux Hébreux, ses ancêtres. Pour nous, que le fait vienne de l'Orient ou de l'Occident, assez peu importe. Il suffit qu'il ne puisse être contesté, et il est vraiment incontestable, pour que nous soyons en droit de l'opposer victorieusement à l'opinion qui tendrait à refuser des notions de science aux races primitives. Nous laisserons donc volontiers à nos adversaires le bénéfice du choix de la provenance historique.

Commençons par citer le passage de Josèphe qui sert évidemment de base à la discussion. *Prœterea*

(1) *Histoire de l'Astronomie*, tome I, p. 18.

(2) *Epoques de la nature*, p. 532. — Edit. de M. Flourens.

tum propter studium virtutis, tum propter utilitatem inventarum artium, ut astronomiæ et geometriæ, Deus prolixiorem largitus est vitam, quarum certitudinem assequi non poterant si minus 600 *annis vixerint. Ex tot enim magnus annus constat* (1). Dieu prolongeait les jours des patriarches, tant à cause de leurs vertus, que pour leur donner le moyen de perfectionner les sciences qu'ils avaient découvertes, comme l'astronomie et la géométrie. Sans une existence au moins de six siècles, temps qui est précisément celui de la *grande année,* ils n'auraient pu atteindre ce résultat nécessaire.

Suit une longue énumération des historiographes Egyptiens, Phéniciens et Babyloniens, dont les témoignages s'accordent à corroborer la manière de voir de l'historien Juif. Que ce luxe de citations de noms d'auteurs anciens, dont les ouvrages pouvaient se trouver et vraisemblablement se trouvaient entre les mains de Josèphe, ne serve qu'à établir les motifs de la longévité des patriarches, et non l'existence de la période en question, je le veux bien ; mais on ne fera jamais que, d'une part, la période ne soit réelle ; les calculs de Cassini sont là pour le prouver ; de l'autre, qu'elle n'ait été indiquée, décrite et affirmée par Josèphe.

Au reste, l'historien Juif n'est pas le seul, dans l'antiquité, à mentionner la grande année dont nous nous efforçons de signaler l'usage. Sous le nom de *Néros,*

(1) *Antiquités Judaïques*, liv. I, chap. III.

Bérose et Abydène en constatent également l'existence chez les Chaldéens. Conséquemment, ils mettent le fait en question dans un tel jour qu'il ne me semble pas possible d'élever même l'ombre d'un doute. Je me suis arrêté avec quelque complaisance à la discussion qui précède, parce qu'elle établit péremptoirement, à mon avis, que les premiers âges, par le canal de la tradition, étaient en possession de vérités scientifiques importantes.

Ce résultat, il ne faut pas l'oublier, fait l'objet d'une partie notable de mon travail.

Au reste, si étonnante que soit la particularité précédemment constatée, en tant que développement de l'étude du mouvement des cieux, elle n'est pourtant pas isolée dans les annales de la science astronomique. Qui n'a été comme étourdi du bruit qu'a fait, dans nos temps modernes, la découverte du système *héliocentrique?* La science sidérale de nos jours n'a pas manqué de s'en attribuer le mérite et d'en revendiquer la gloire. Cependant est-elle aussi fondée qu'elle le croit dans ses prétentions ? Ecoutons ce que dit l'histoire :

« Le système de Ptolémée ou des Grecs d'Alexan-
» drie, qui place la terre au centre de notre monde,
» et fait tourner le soleil autour d'elle, appartient,
» dit M. Chaubard, aux premiers pas de l'astronomie
» moderne. Nous l'avons emprunté à l'Ecole d'Alexan-
» drie. Mais il en est un autre plus ancien que celui-

là, c'est le système héliocentrique, qui place le soleil au centre du monde, et que l'on appelle vulgairement le *système de Copernic*, parce que ce savant a eu la gloire de le faire prévaloir sur celui des Grecs, ou de Ptolémée ; car il ne l'a point inventé.

» Plutarque, dans la vie de Platon, lui en avait fourni la première idée, en lui apprenant que quelques disciples de Pythagore, entre autres Philolaüs de Crotone, avaient placé le soleil au centre du monde, et mis la terre en mouvement autour de ce centre. (*Histoire des mathématiques,* part. III, liv. IV, art. 3.)

» Pythagore, qui avait visité les peuples antiques de l'Asie, avait apporté ce système héliocentrique en Europe, où les guerres perpétuelles des Romains, et ensuite celles des Barbares du Nord, le firent oublier avec la philosophie et la science de cette époque.

» On ignore jusqu'à quel point la science de Pythagore et celle de son disciple Philolaüs avaient pénétré dans le système héliocentrique. Ce que nous savons certainement, c'est que la géométrie de leur époque n'était pas assez avancée pour qu'il fût possible de démontrer ce système comme on le démontre aujourd'hui. Il est certain, par conséquent, que les Grecs d'Italie n'avaient pu l'inventer; il venait donc d'un peuple plus savant qu'eux ; et ce peuple, aujourd'hui que tout le monde sait à quoi s'en tenir sur la science des Egyptiens, il faut

» absolument aller le chercher dans le monde anté-
» diluvien ; car nul autre, jusqu'à nos temps modernes, n'a possédé assez de science astronomique et géométrique, pour bien comprendre et démontrer ce système héliocentrique.

» Il est une remarque fort importante à faire ici : Les disciples de Pythagore enseignaient que les étoiles fixes sont des soleils comme le nôtre, ayant pareillement leurs planètes. Or, la connaissance de cette vérité suppose qu'elle faisait partie de la science antédiluvienne, puisque c'est pour ainsi dire d'hier que le perfectionnement des grands télescopes est venu nous la démontrer, en dévoilant à nos yeux ces milliers de systèmes dits *étoiles fixes* (1). »

IV.

Après avoir établi avec Kurstz que toutes les traditions des peuples du Nord et du Midi, de l'Orient et de l'Occident, s'accordent sur le fait du repos du septième jour, l'abbé Reuch fait les observations suivantes dont personne ne méconnaîtra la justesse Il n'est pas possible, dit-il, de supposer que les autres peuples aient reçu des Hébreux ces traditions iden-

(1) *L'univers expliqué par la Révélation*, ch. X.

tiques pour le fond. Ainsi, ni l'auteur de la Genèse, ni aucun Juif, en général, ne saurait être regardé comme l'unique dépositaire des documents primitifs. Il faut donc admettre une première source commune, où Juifs et Gentils ont puisé à la fois, et cette première source doit remonter à une époque où le genre humain était encore dans son unité première, et où il n'était pas encore divisé par l'éloignement des résidences et la diversité du langage, par la séparation nettement marquée entre les races, et par la différence de civilisation et de religion.

C'est de cette époque primitive que les peuples dispersés doivent avoir reçu ces souvenirs et ces traditions, que l'on retrouve les mêmes chez tous.

Après la séparation, cet héritage de nos premiers parents prit une multitude de formes, selon les diverses tendances de l'esprit, dans la bouche du peuple, ou dans les traditions sacerdotales. Cependant, à travers toutes ces métamorphoses, il garda l'empreinte du cachet de famille, la marque de la communauté d'origine. Ainsi cette révélation primitive doit remonter au-delà de la dispersion des peuples; et arrivés là, rien ne nous empêche, tout, au contraire, nous invite à faire encore un pas ou deux, à la reculer jusqu'au temps de Noé et même jusqu'à Adam (1).

Pour nous, après ce que nous avons dit des *périodes*, après ce que l'Ecriture nous fait connaître de l'occu-

(1) *La Bible et la nature*, p. 9.

pation du premier homme pendant son séjour dans le Paradis terrestre, et même avant son entrée dans ce délicieux domaine, la difficulté des notions scientifiques attribuées aux premiers patriarches perd, à nos yeux, sa mystérieuse obscurité.

Si, en effet, Adam reçut l'ordre d'étudier les merveilles de la création dans le règne animal, à combien plus forte raison son attention, appelée par le Seigneur, dût-elle se porter vers ce mouvement des cieux qui, au témoignage du Psalmiste, racontent si éloquemment la gloire de leur auteur ?

D'ailleurs, la connaissance du mouvement des astres était, pour le premier homme, un besoin, puisque c'est en partie pour la division du temps, que ces mêmes astres ont été créés. *Ut sint in signa, et tempora et dies et annos* (1).

Inutile de faire observer que si des communications particulières ont été faites par Dieu au premier homme, pour l'aider à connaître les caractères propres aux divers animaux, des révélations spéciales n'ont pas dû lui faire défaut pour des connaissances qu'il lui était matériellement impossible d'acquérir, et desquelles pourtant devait dépendre en partie son bien-être.

Le fait du commerce intime de Dieu avec sa créature, et des enseignements qui en ont été la suite, touchant les lois physiques et astronomiques, s'ex-

(1) Gen., I-14.

plique de lui-même; il a aussi l'avantage de nous rendre parfaitement compte du phénomène des vestiges scientifiques si extraordinaires apportés par les courants traditionnels. Ici, qu'on le remarque bien, nous ne sommes point dans les suppositions et les conjectures: c'est de l'histoire.

Ce n'est pas seulement Cassien (1) qui, après avoir assuré que Seth avait reçu d'Adam la connaissance de toutes les sciences naturelles, accuse la race de Caïn de les avoir corrompues. Sophronime et Moyse de Gaza, dit Gainet, d'après Eusèbe, parlent aussi des traditions que Seth avait reçues de son père, et qu'il livra à ses enfants.

Mais nous avons quelque chose de plus positif encore dans Josèphe. Cet historien, comme on sait, avait sous les yeux tous les anciens auteurs disparus depuis le temps où il écrivait. En outre, il avait à sa disposition tous les manuscrits du Temple et les traditions orales du peuple Juif. Son écrit a donc, pour nous, le double avantage d'être l'expression de la Bible et celle des documents historiques parallèles. Or, voici comment s'exprime l'auteur des *Antiquités judaïques*.

« Je serais trop long, dit-il, si j'entreprenais de » parler de tous les enfants d'Adam. Je me conten- » terai de dire quelque chose de l'un d'eux, nommé

(1) Cassien, écrivain ascétique et l'un des disciples de saint Jean-Chrysostôme.

» *Seth.* Il fut élevé auprès de son père, et se porta
» avec affection à la vertu. Il laissa des enfants
» semblables à lui, lesquels demeurèrent en leur
» pays, où ils vécurent très-heureusement et en par-
» faite union. »

« On doit à leur *esprit et à leur travail* la science des choses célestes et de leurs ornements.

» Et parce qu'ils avaient appris d'Adam que le monde périrait par l'eau et par le feu, la crainte qu'ils eurent que cette science acquise par eux (ou plutôt mise par eux en corps de doctrine) ne se perdît avant que les hommes n'en fussent instruits, les porta à élever deux colonnes, l'une de brique et l'autre de pierre, sur lesquelles ils gravèrent les connaissances qu'ils possédaient, afin que, s'il arrivait qu'un déluge ruinât la colonne de brique, celle de pierre demeurât pour conserver à la postérité la mémoire de ce qu'ils avaient écrit. Leur prévoyance réussit, dit Josèphe, et l'on assure que la colonne de pierre se voit encore aujourd'hui dans la terre de Syrie (1). »

Voilà comment, à la naissance de l'humanité, les choses se sont passées, suivant les traditions les plus graves et les plus respectables. Il faut convenir que

(1) *Antiquités*, liv. I, ch. II. Il est à remarquer que les Egyptiens ont écrit leur plus ancienne histoire sur des monolithes qu'ils plaçaient à l'entrée de leurs temples ou de leurs palais. (Voir l'encyclopédie moderne, article *obélisque.*)

les faits de science astronomique, exposés plus haut, et qui se dressent devant nous comme des forteresses inexpugnables, sont de nature à les accréditer encore davantage.

On peut conclure de ce qui a été dit, que le premier homme, dont l'occupation paraît avoir été d'observer la nature, n'a pas seulement reçu de Dieu l'ordre d'étudier le règne animal.

Les minéraux et les plantes n'ont pas été vraisemblablement plus négligés que les animaux.

Les vestiges des connaissances perfectionnées de la botanique que nous avons retrouvées dans les langues anciennes, en seraient autant de preuves. Et ce qui caractérise surtout ces débris d'une science encore persistante après de nombreux siècles, c'est que les noms conservés se trouvent parfaitement adaptés aux choses qu'ils expriment.

Le livre si sommaire de la Genèse a pu, on le conçoit, négliger de mentionner les recherches qu'Adam avait faites dans les espèces végétales et minérales, sans que nous soyons moins fondés dans nos convictions, au sujet des occupations plus étendues attribuées au roi de l'Éden, qui a dû vivre fort longtemps seul, et avant la création d'Ève, sa compagne. Sur ce dernier point, on peut dire que toutes les conjectures sont en notre faveur.

En effet, nous savons par le récit mosaïque que le Seigneur avait planté dès le commencement, c'est-à-dire au troisième jour, lorsqu'il produisit les végétaux, un paradis délicieux, où il fit *croître* des arbres couverts de fruits d'un aspect séduisant et d'un goût exquis (1).

Ce domaine, réservé au Roi de la création, avait une étendue considérable, jusque-là qu'il n'a fallu rien moins, pour l'arroser, qu'un fleuve ou cours d'eau capable de donner naissance à quatre autres (2).

Le même passage nous apprend qu'Adam fut créé seul et en dehors du Paradis terrestre, dans lequel il fut postérieurement introduit (3).

Que seul, le père du genre humain a reçu la défense relative à l'arbre de la science du bien et du mal, et cela, sous peine de mort, en cas de désobéissance (4).

Que Dieu, après avoir ainsi mis le premier homme en possession de son nouveau séjour, se proposa de

(1) *Plantaverat autem Dominus Deus paradisum voluptatis à principio, in quo posuit hominem quem formaverat. — Produxitque Dominus Deus de humo omne lignum pulchrum visu, et ad vescendum suave* (1).

(2) *Fluvius egrediebatur de loco voluptatis ad irrigandum Paradisum, qui indè dividitur in quatuor capita* (2).

(3) *Tulit ergo Dominus Deus hominem et posuit eum in paradiso voluptatis, ut operaretur et custodiret illum* (3).

(4) *Præcepitque ei dicens : Ex omni ligno Paradisi comede ; de ligno autem scientiæ boni et mali, ne comedas ; in quocumque enim die comederis ex eo, morieris* (4).

(1) Gen., II-8 et 9.
(2) *Ibidem.*
(3) *Ibidem.* 15.
(4) *Ibidem.* 17.

lui donner une compagne, et vraisemblablement il lui fit connaître, dès ce moment, son dessein, dont l'exécution fut ajournée (1).

De plus, ce qui est très-important pour les déductions que nous en voulons tirer, le Seigneur donna l'ordre à Adam d'étudier les animaux précédemment appelés à l'existence (2).

Adam s'acquitta si bien de sa mission scientifique, que, selon le texte sacré, le nom qui fut donné à chacun des oiseaux, reptiles et quadrupèdes, était celui-là même qui lui convenait (3).

Cependant, ajoute l'historien des six jours, tous ces actes s'étaient accomplis sans qu'Adam eût encore un *auxiliaire* semblable à lui. *Adæ verò non inveniebatur adjutor similis ejus.*

Sur la parfaite exactitude des points que nous venons d'énumérer, il paraît difficile d'élever l'ombre même d'un doute. Or, sans miracle, comment concevoir que tant de faits aient pu s'accomplir dans l'espace

(1) *Dixit quoque Dominus Deus : non est bonum esse hominem solum ; faciamus ei adjutorium simile sibi* (1).

(2) *Formatis igitur, Dominus Deus, de humo cunctis animantibus terræ, et universis volatilibus cœli, adduxit ea ad Adam ut videret quid vocaret ea* (2).

(3) *Omne enim quod vocavit Adam, animæ viventis ipsum est nomen ejus* (3).

(1) Gen., II, 18.

(2) *Ibidem.*, II, 19.

(3) *Ibid.*

de quelques heures seulement? L'homme, en effet, a été créé au sixième jour, après les grands animaux terrestres; et, au septième, la création était déclarée parfaite et achevée (1).

Mais, nous l'avons déjà dit, il ne faut avoir recours au miracle, en exégèse, que quand on ne peut absolument s'en passer. Or sommes-nous bien dans l'impossibilité d'expliquer les choses par le seul concours des moyens naturels?

On va en juger.

Que faut-il pour que les faits aient pu s'accomplir dans des conditions normales? Tout simplement que le temps, pendant lequel Adam a vécu seul, fût assez étendu pour que tous les faits de détail, que nous avons rapportés, pussent y trouver place. Ce ne sera pas le manque de durée du sixième jour, qui pourra devenir un obstacle à l'interprétation que nous nous efforçons de faire prévaloir, puisqu'il vient d'être démontré que les jours de la création ont été des périodes de temps considérable. Ce ne seront pas non plus les années de la première partie de la vie d'Adam, puisque entre la création du Père du genre humain et la naissance de Seth, qui fut donné à Eve, dit le texte sacré, en remplacement d'Abel, il s'écoula cent trente années, et deux cent trente, selon la chronologie préférée des Septante. On serait plutôt embarrassé, dans le système des jours ordinaires, de l'emploi

(1) Gen, II-2. *Complevit Deus, die septimo, opus suum quod fecerat.*

à donner à un temps aussi considérable, Dieu ayant ordonné à nos premiers parents, en répandant sur eux sa bénédiction, de croître et de se multiplier.

Quoiqu'il en soit, la particularité des nombreuses années du premier homme tend à nous faire croire qu'Adam put mettre à l'étude de la création animale le temps nécessaire pour accomplir naturellement sa mission. L'observation de différents autres faits nous conduit à des déductions toutes semblables. Le père du genre humain, avons-nous dit, reçut la défense de manger du fruit de l'arbre de la science du bien et du mal, sous *peine de mort*. Mais, on conçoit difficilement dans le système des jours ordinaires, que les animaux créés, quelques heures seulement avant l'homme, et à l'état adulte, aient eu le temps de périr, pour donner à Adam l'idée du châtiment réservé à sa prévarication, châtiment qu'autrement il aurait encouru, sans en connaître la grandeur.

Donc, le chef de l'humanité, créé certainement seul, a dû vivre longtemps sans sa compagne, et, avec cette interprétation, toutes les difficultés précédemment signalées disparaissent.

Mais ce n'est pas tout ; une fois dans cet ordre d'idées, la teneur du texte sacré nous permet d'aller plus loin, et d'affirmer que c'est en dehors du Paradis terrestre qu'Adam a dû voir naître et mourir les animaux.

En effet, Dieu, nous l'avons vu, avait planté, dès le *commencement* (nouvelle indication de périodes), le lieu de délices, où l'homme devait être mis à l'épreuve.

Si tel fut l'état des choses autrefois, Adam dut recevoir, en entrant dans le Paradis terrestre, la défense de manger du fruit réservé. Car l'épreuve a commencé en même temps que la jouissance. Encore une fois, le jardin était planté, et rien n'indique que l'arbre de la science du bien et du mal fît défaut.

En s'adressant après le péché au premier homme, à qui seul, comme nous l'avons vu, avait été donné directement le précepte de respecter les fruits de l'arbre réservé, Dieu lui fait reproche de sa désobéissance.

Quelle excuse reçoit-il de la part de sa créature malheureuse et coupable? — La femme que vous m'avez donnée, répond Adam, m'a présenté du fruit, et j'en ai mangé. — N'est-ce pas comme s'il avait dit: — Tant que j'ai été seul, vous le savez, Seigneur, j'ai été fidèle à votre commandement. Mais la compagne que vous m'avez associée pour la garde du jardin, m'a séduit, et j'ai failli.

Il faut convenir que la longue fidélité d'Adam, avant la présence d'Eve, aurait rendu son excuse plus acceptable.

M. Glaire, partisan des jours de vingt-quatre heures, ne l'oublions pas, va lui-même fournir à nos conclusions sur la longueur des jours primitifs, un caractère de certitude plus accentué. Il ne nous saura pas mauvais gré de citer ici son témoignage involontaire, puisque nous allons donner nous-même à la sagacité de son interprétation un nouveau degré de probabilité.

Selon le célèbre professeur à la Sorbonne, quand Eve a été présentée à Adam, celui-ci était dans une longue attente, qu'il traduit en s'écriant tout étonné : — La voilà donc, cette fois (1) !

Et, pour que la pensée de l'habile exégète ne puisse souffrir d'équivoque, il ajoute dans une note : *Qu'à la manière dont les traducteurs ont rendu ce passage, on croirait qu'ils n'ont pas bien saisi cette idée* (l'idée de l'attente).

Cependant, s'il ne s'était écoulé que quelques heures entre la création successive d'Adam et d'Ève, on aurait de la peine à expliquer la longue attente, dont parle l'ancien Doyen de la faculté de Théologie, à la Sorbonne.

Ainsi, d'une part, l'obligation faite au premier homme, d'avoir à étudier la création animale, comme la nécessité de parcourir, pour en prendre possession, l'étendue de son domaine, dont la valeur ne lui était connue qu'à cette condition nécessaire ; de l'autre, la notion de la terrible peine de la mort, réservée au mauvais usage qu'il ferait de sa liberté, se réunissent pour nous porter à affirmer qu'Adam vécut longtemps seul, soit dans l'enceinte, soit hors du Pa-

(1) *Le Pentateuque*, avec traduction française, ch. II.

radis terrestre, et peut être successivement dans les deux endroits.

Nous pouvons maintenant et de nouveau assurer que l'étude de la science a commencé avec l'humanité. Elle a été le résultat des communications incessantes de Dieu avec sa créature, alors que celle-ci était l'objet des complaisances divines.

Le Seigneur s'est approché familièrement du premier homme pour le mieux enseigner. Il était son créateur et son père; il a voulu aussi devenir son précepteur. Il lui a donné le secret des lois qu'il avait imposées à la matière; il lui a expliqué les incomparables merveilles qu'il avait appelées à l'existence, dans le cours du temps; il lui a fait connaître le nombre et les périodes qui devaient servir à mesurer ce dernier, le tout en conformité parfaite du plan qu'il s'était tracé à lui-même dans ses desseins éternels.

Tant et de si excellentes révélations ont pu s'oblitérer dans la mémoire des hommes avec les siècles, mais elles n'ont jamais cessé de constituer, au profit de l'humanité, un fond de vérités scientifiques que nous retrouvons à tous les âges de l'histoire, et d'autant plus pures, qu'elles sont moins éloignées de la source.

Nous avons vu Moïse exposer des faits physiques d'une étonnante exactitude, à propos de l'atmosphère de la terre, à son origine, et cela, avant même que les sciences naturelles eussent un nom. Qui donc maintenant pourra s'en étonner? J'ose espérer que M. le

Président de l'Académie des Sciences ne refusera plus au grand génie dont Dieu s'est servi pour écrire l'histoire de sa création, la *conscience* des vérités qu'il confiait aux annales de son peuple, pour l'avantage de ce dernier, en même temps que pour l'instruction des générations à venir.

Je pourrais terminer ici mes recherches sur la science des Anciens ; mais je serai plus complet en faisant connaître ce que furent ces derniers au point de vue de la religion, des lettres et des arts. Car toutes ces branches des connaissances humaines s'appuient sur des données scientifiques, et ne peuvent se développer les unes sans les autres.

Je l'ai dit, et j'aime à le répéter, les dénégations de mon illustre contradicteur n'exigent pas rigoureusement les nouvelles considérations que je vais faire valoir; mais cependant on ne tardera pas à reconnaître qu'elles sont loin d'être inutiles ou étrangères à la cause que j'ai entrepris de défendre.

I.

La religion des Anciens.

Pour les vérités religieuses connues des philosophes grecs, nous avons le témoignage non suspect de saint Augustin.

« J'ai lu les ouvrages des Platoniciens, dit le sa-
» vant évêque d'Hippone, et j'y ai trouvé toutes ces
» grandes vérités : que dès le commencement était
» le Verbe ; que le Verbe était en Dieu, et que le
» Verbe était Dieu. — Que cela était en Dieu dès
» le commencement ; que toutes choses ont été
» faites par le Verbe ; que de tout ce qui a été fait,
» il n'y a rien qui ait été fait sans lui ; qu'en lui est
» la vie, et que cette vie est la lumière des hommes ;
» mais que les ténèbres ne l'ont point comprise ;
» qu'encore que l'âme de l'homme rende témoignage
» à la lumière, ce n'est point elle qui est la lu-
» mière, mais le Verbe de Dieu ; — que ce Verbe
» de Dieu et Dieu lui-même, est la véritable lu-
» mière dont tous les hommes, qui viennent au
» monde, sont éclairés ; qu'il était dans le monde ;
» que le monde a été fait par lui, et que le monde
» ne l'a point connu. Car, quoique cette doctrine ne
» soit point en propres termes dans ces livres-là ,

» elle y est dans le même sens et appuyé de plu-
» sieurs sortes de preuves.

» Je trouvai bien encore dans les livres des païens
» que ce n'est ni de la chair ni du sang qu'est ce Verbe
» de Dieu, comme celui dont il est né. Mais que le
» Verbe de Dieu se soit fait chair, et qu'il ait habité
» parmi nous, c'est ce que je n'y trouvai point (1). »

On a peine à enregistrer tout ce que l'archéologie religieuse et les investigations profanes nous révèlent, chaque jour, sur la croyance des anciens à un *Dieu unique, éternel, immatériel.* En ce qui concerne l'Egypte, les travaux de Champollion et de M. de Rougé nous ont grandement éclairés sur les dogmes fondamentaux de cette nation civilisée et puissante. Des recherches faites par nos deux illustres et savants égyptiologues, il résulte que la naissance quotidienne du soleil était une image vivante de la *perpétuelle génération divine.*

Sous des noms divers, le Très-Haut est appelé, dans les hymnes funéraires, le *Dieu seul vivant* en vérité....... *Celui qui s'engendre lui-même...... Celui qui existe dans le commencement.....*

Ces découvertes, en concordant avec les récits de Plutarque et de Porphyre, sur le même sujet, donnent à ces derniers un caractère de véracité qui en font, dans l'histoire, une peinture exacte et détaillée des croyances théologiques des anciens. Quoi

(1) *Les Confessions de saint Augustin,* liv. VII, ch. IX.

de plus saisissant et de plus instructif, à la fois, que ces affirmations de l'écrivain grec : « On lève, en » Egypte (ce sont les paroles même de Plutarque), » un certain tribut pour nourrir les animaux sacrés. » Les seuls habitants de Thèbes en sont exempts, » parce qu'ils ne croient point qu'il y ait un *Dieu* » *mortel* ; mais le Dieu qu'ils appellent *Knef*. Ils pré- » tendent qu'il *n'est jamais né et qu'il ne mourra* » *jamais* (1). »

Ce n'est pas seulement sur les stèles et dans les tombeaux Egyptiens que nous retrouvons écrites les notions étonnantes et toutes chrétiennes du vrai Dieu, du Dieu éternel et existant par lui-même.

Au témoignage de Malte-Brun, nous les voyons attachées aux noms mêmes des monuments de la nature. Entre les méridiens de *Gorkha* et de *H'lassa*, dit-il, la chaîne de l'Himalaya envoie, au nord, vers la rive droite du Dzang-bo, plusieurs rameaux couverts de neiges perpétuelles, dont le plus haut est le *Yarla-Chamboï-Gangri*, c'est-à-dire, en Thibétain, *la montagne neigeuse dans le pays du Dieu existant par lui-même* (2). D'où est venue cette étonnante profession de foi, d'ailleurs, si bien symbolisée par les neiges éternelles de la montagne des Thibétains, sinon des traditions antiques et primordiales ?

Plusieurs autres vérités, non moins inaccessibles à

(1) *Ann. de phil.*, ch. X, troisième série, tome I.

(2) *Précis de Géographie universelle*, tome VIII, p. 14.

la raison, se retrouvent encore éparses çà et là, soit dans les ouvrages des Anciens, soit sur les papyrus des nations égyptiennes. De ce nombre sont le dogme de la *Trinité* des personnes divines, et celui *du jugement solennel* auquel doivent comparaître les âmes avant d'être introduites dans les demeures célestes. Je ne puis résister au plaisir de donner quelques détails sur ce dernier point, et de montrer les rapprochements frappants qu'il nous offre avec les croyances du christianisme.

Mentionnons d'abord la vérité accréditée dans le peuple des Pharaons, et consultons les papyrus, traduits par M. Lenormant, professeur de langues orientales au Collége de France. Les notions qui vont suivre se recommandent par leur récente découverte, bien qu'elles ne fassent que continuer une vérité historique déjà connue depuis longtemps.

L'âme, dit l'ancien document, pénètre dans le prétoire où l'attend Osiris, assis sur son trône, et assisté de ses quarante-deux assesseurs. C'est là que va être prononcée la sentence décisive et définitive qui admettra le mort dans la béatitude, ou l'en exclura pour toujours.

Alors commence un nouvel interrogatoire; bien plus il doit rendre compte de toute sa vie.

« Je n'ai pas commis de faute, s'écrie le mort. Je n'ai pas blasphémé. Je n'ai pas trompé. Je n'ai pas volé. Je n'ai pas divisé les hommes par mes ruses. Je n'ai traité personne avec cruauté. Je n'ai excité aucun trouble. Je n'ai pas été paresseux. Je ne me suis pas enivré. Je n'ai pas fait de commandement injuste. Je n'ai pas eu de curiosité indiscrète. Je n'ai pas laissé aller ma bouche au bavardage. Je n'ai frappé personne. Je n'ai causé de crainte à personne. Je n'ai pas médit d'autrui. Je n'ai pas rongé mon cœur d'envie. Je n'ai pas mal parlé, ni du roi ni de mon père. Je n'ai pas intenté de fausses accusations. »

Ailleurs, le mort continue :

« Je n'ai pas retiré le lait de la bouche des nourrissons. Je n'ai pas fait de mal à mon esclave, en abusant de ma supériorité sur lui. J'ai fait aux dieux les offrandes qui leur étaient dues. J'ai donné à manger à celui qui avait faim. J'ai donné à boire à celui qui avait soif. J'ai fourni des vêtements à celui qui était nu.... » En entendant une morale aussi avancée, ne croirait-on pas lire un passage connu de l'Evangile ?

J'ai eu faim, et vous m'avez donné à manger ; j'ai eu soif, et vous m'avez donné à boire ; j'étais étranger, et vous m'avez recueilli ; j'ai été nu, et vous m'avez revêtu ; j'ai été malade, et vous m'avez visité ; j'ai été en prison, et vous êtes venus me voir (1).

A la vue d'une aussi grande ressemblance, tant pour la mise en scène des grandes assises du Jugement dernier, chez les Egyptiens et les chrétiens, que pour les chefs d'accusation, auxquels, dans les deux religions, il faut répondre, plusieurs savants inquiets

(1) Matth., XXV-31 et suiv.

de cette ressemblance se sont demandé si l'Évangile ne s'était pas inspiré des traditions égyptiennes. Pauvres docteurs ! ils ont oublié que la réponse à cette question est écrite toute entière dans la lettre de saint Jude, laquelle fait partie des Livres canoniques (1). Voici comment s'exprime l'apôtre chrétien sur le sujet qui nous occupe :

« Enoch, qui a été le septième depuis Adam, a prophétisé en ces termes des enfants de Caïn : « *Voilà le Seigneur qui va venir avec une multitude innombrable de ses Saints, pour exercer son jugement sur tous les hommes et pour convaincre tous les impies de toutes les actions d'impiété qu'ils ont commises et de toutes les paroles injurieuses que ces pécheurs ont proférées contre lui.* »

Quelles que soient les opinions sur le livre, aujourd'hui existant, d'Enoch, l'Église tient pour certain que la prédiction dont il vient d'être parlé, appartient bien au patriarche auquel elle est attribuée. Donc, la notion du jugement dernier, même avec solennel appareil, est de tradition anté-diluvienne. Les Egyptiens l'ont conservée, et Jésus-Christ l'a formellement rappelée aux hommes.

En remontant plus haut que le peuple des Pharaons, nous trouvons la religion à un état plus élémentaire. Ce qui la constitue, pour ainsi dire toute entière, ce sont le sacrifice d'une part, et, de l'autre, le repos sabbatique.

(1) Epit. de saint Jude, v. 14.

Mais il faut dire que, sur ces deux points essentiels, l'antiquité la plus reculée se trouve en pleine possession de ces deux manières d'honorer le Créateur, qui sont encore aujourd'hui comme l'âme de tout notre culte. Depuis le christianisme, une victime plus pure et plus parfaite a remplacé toutes les autres, mais le sacrifice, en lui-même, remonte jusqu'au berceau de l'humanité qui paraît en avoir reçu l'institution de Dieu même (1). Pour le repos du septième jour, le doute au sujet de son origine n'est pas possible. Il suffit de lire dans les livres de Moïse les considérants qui justifient cette manière de glorifier Dieu, dont il déclare n'être pas l'inventeur, et dont nous n'aurions pas même pu avoir l'idée sans la révélation. Bien que les documents anciens ne parlent pas de l'observation du Sabbat avant le déluge, la logique seule nous garantit qu'Adam comme Abel, Caïn et leurs descendants, durent honorer le Dieu créateur par le repos du septième jour, ainsi qu'ils reconnurent son souverain domaine par l'oblation des sacrifices. De ce côté donc, l'antiquité religieuse la plus reculée était remarquable par la pureté de ses croyances et la légitimité de son culte.

Mais c'est assez sur la religion des anciens, parlons maintenant de leur supériorité littéraire.

(1) Voir M. de Maistre. *Soirées de Saint-Pétersbourg.*

II.

La Littérature des Anciens.

Je ne ferai que mentionner les livres immortels de David, de Salomon et de quelques-uns des prophètes. Au point de vue purement humain, on peut dire que l'élévation des pensées, l'originalité des expressions, la hardiesse des figures, et surtout la poésie incomparable qui les distingue, en font des œuvres à part.

Chose étonnante, plus nous remontons dans les âges, plus nous trouvons sublimes et avancées les conceptions du génie. De sorte qu'on peut, pour ainsi parler, établir cette règle générale : que celles-là sont plus parfaites qui s'approchent davantage du point où l'on voit s'ouvrir la série des productions de l'esprit humain.

Ainsi les poëmes d'Homère, éloignés de nous de près de trois mille ans, sont encore, malgré tous nos progrès, ceux qu'admirent le plus les peuples civilisés. Et ces chefs-d'œuvre ne sont point des conceptions uniques et isolées.

Prenons le livre de Moïse, dit M. Gainet, auquel nous faisons de nombreux emprunts, oublions un instant que c'est un livre sacré, pour ne faire attention qu'à ses beautés littéraires, et nous serons obligés de convenir qu'il contient plus de perfection de premier ordre qu'Homère qui a vécu six cents ans après. C'est l'avis, non d'un seul homme, mais d'un grand nombre de juges compétents (1).

A côté de Moïse, vivait un autre génie puissant qui nous a laissé les preuves irréfragables de sa supériorité. C'est Job. Il est à la fois historien, naturaliste, astronome, savant, et, par-dessus tout, d'une éloquence entraînante. On se demande si Platon est aussi profond que lui ; si Démosthène est aussi rapide et aussi énergique.

Mais ce qui tient presque du prodige, c'est qu'un homme, avec une langue qui ne disposait que de quelques centaines de mots, ait porté aussi loin la perfection de l'art d'écrire sur les sujets les plus variés. Le Dictionnaire hébreu de Rosenmuller a 139 pages, et Job n'a pas employé la moitié des mots qu'il contient. Pourtant le livre inimitable dont nous parlons, parcourt le cycle à peu près entier des connaissances humaines. Tout brille du même éclat dans cette incomparable production, qui paraissait quelques centaines d'années après le déluge.

Passez en Chine, continue M. Gainet, ouvrez les livres *King* et particulièrement le *Chou-King*, et vous

(1) Voir sur ce point Laharpe et tous les critiques des littératures anciennes comparées à celles des temps modernes.

serez surpris de trouver ce livre, probablement le plus ancien de l'univers, écrit avec une dignité, une mesure, une sagesse qui étonnent. C'est le plus antique débris de l'histoire de la Chine. Il porte avec lui son cachet d'antiquité. C'est le règne des trois premiers princes vraiment historiques de ce peuple, *Yao, Chun* et *Yu*. On les fait souvent parler; ils donnent des avis; ils posent les principes du Gouvernement, de la vraie religion, des bonnes mœurs et de l'ordre public, avec un ton de bonté, de conviction profonde, qu'on sent parfaitement ne pouvoir se rencontrer qu'au berceau du genre humain, et dans l'âge tout à fait patriarchal.

Et cependant, quelle profondeur de vue, quelle noblesse d'expression dans cette simplicité primitive! Le style des Kings est unique, disent les *Mémoires chinois;* on n'a approché du beau qu'autant qu'on l'a imité. Les génies les plus rares ont désespéré de l'égaler. Ils étaient donc, ces livres, l'expression d'une belle et admirable civilisation. Mais poursuivons et consultons maintenant l'architecture.

III.

L'architecture des Anciens.

L'architecture primitive est en parfaite harmonie avec ce que nous venons d'établir touchant la science, la religion et les lettres des races primitives.

Son témoignage suffirait à lui seul à prouver toute notre thèse sur les notions scientifiques et la civilisation avancée des Anciens. Car un monument grandiose, qu'il soit temple, palais ou nécropole, ne s'élève pas à l'improviste et à l'aide d'un art en enfance. Mais l'art lui-même ne reconnaît d'autres aïeux que la science et le génie.

Si donc nous le rencontrons quelque part, et à quelque degré de développement qu'il se présente, il ne sera pas seul à nous parler. Ses origines répondront avant lui, et au besoin pour lui.

Mais quelle idée n'aurons-nous pas de la science des premiers âges quand nous nous trouverons en présence de ces gigantesques conceptions qui nous effraient et nous écrasent, qui nous feraient presque douter de la justesse de notre regard, tant elles dépassent nos habitudes et notre attente?

A Balbeck, dans le Liban, et à Thèbes, dans la Haute-Egypte, ce sont les pierres qui parlent elles-mêmes en faveur de la supériorité intellectuelle des peuples anciens.

Comment, dit Mgr Mislin (1), nous vanter de nos arts et de nos sciences, en présence des ruines répandues sur les côtes de Phénicie, où l'on retrouve à chaque pas l'origine des sciences dont nous nous glorifions ? Nous pourrions à peine remuer une des pierres des gigantesques édifices de Balbeck (2), et elles sont là par milliers, élevées sans ciment, les unes sur les autres, bravant les siècles et se riant de nos fragiles contrefaçons.

Les voyageurs ont donné les mesures des plus grandes de ces pierres. Wilson en a signalé une qui a soixante-neuf pieds de long, dix-huit de large et treize de haut ; par conséquent, seize mille cent quarante-six pieds cubes, ou 598 mètres cubes. Les deux colonnes de Venise, les monolithes de Rome, l'obélisque de la place de la Concorde, à Paris, ne sont que des jouets d'enfants à côté des pierres de Balbeck.

Pour les ruines de l'Egypte, au lieu de produire

(1) *Pèlerinage aux Saints-Lieux.*

(2) On a calculé que pour faire parcourir un mètre, en une seconde de temps, à un des blocs taillés qui sont demeurés dans les carrières de Balbeck, il faudrait une machine de la force de vingt mille chevaux, ou l'effort constant et simultané de quarante mille hommes. (De Saulcy, *Voyage autour de la mer Morte*, t. II, p. 637.)

nos propres impressions, nous préférons faire emprunt à un autre témoin oculaire. C'est à un compatriote dont les écrits sont avantageusement connus dans les lettres, M. Poitou, l'auteur *d'un Hiver en Egypte.*

Voici comment il s'exprime en parlant de la salle hypostile : « Quand je vivrais mille ans, jamais je n'oublierais l'impression que m'a laissée ce monument. La parole est impuissante à décrire de telles choses, et nul art au monde n'en pourrait reproduire l'effet.

» Qu'on imagine une forêt de colonnes, larges et hautes comme des tours, portant encore sur leurs chapiteaux évasés quelques-uns des blocs massifs qui faisaient le plafond ; leurs lignes serrées se prolongeant de toutes parts, sans que l'œil en aperçoive la fin ; sur celles qui forment l'allée centrale, plus hautes et plus puissantes que les autres, une seconde ligne de piliers, qui portaient une seconde salle ; çà et là quelques pierres énormes du plafond, à moitié penchées et s'arc-boutant mutuellement dans leur chute; tout au bout, en face de nous, une de ces colonnes gigantesques qui, ébranlée sur sa base, et chancelant comme un homme ivre, s'est appuyée de l'épaule sur sa voisine qui a reçu le choc sans broncher.....

» Il y a presque de la terreur dans l'admiration qu'on éprouve en face de telles ruines. On se sent petit auprès d'elles. Il semble que ce soient des Titans, non des hommes comme nous, qui aient dressé ces colonnes sur leurs bases indestructibles, et jeté sur leurs têtes, en guise de poutres et de tuiles, ces blocs de granit, de quarante pieds de long, qu'elles portent depuis trois mille ans sans fléchir.

» Nous, qui sommes si fiers de nos arts, de notre industrie, de notre puissance matérielle, que sommes-nous auprès de ces bâtisseurs de palais géants? Que restera-il, dans trois mille ans, de nous, de nos temples et de nos cités? »

« Les pyramides, dit ailleurs M. Poitou, ont été élevées par les rois *Choufou et Chafra*, qui appartiennent à la quatrième dynastie, c'est-à-dire, à une époque de beaucoup antérieure à l'invasion des *Pasteurs*. Les pyramides existaient déjà depuis des siècles, quand Jacob et sa famille vinrent s'établir aux bords du Nil. Les monuments les plus prodigieux, les plus impérissables de l'Egypte, sont en même temps les plus anciens. Il n'y en a pas dans le monde qui remontent plus haut. Nous sommes ici sur le seuil des temps historiques.

» La grande pyramide, mesurée à sa base, a deux cent quarante mètres de côté, d'un angle à l'autre. On a calculé que la masse de pierre dont elle se compose, évaluée à environ soixante-quinze millions de pieds cubes, pourrait fournir les matériaux d'un mur qui aurait mille lieues de long, sur un mètre de hauteur, et ferait le tour de la France (1).

» Citons encore ce qui regarde la statue de Memnon. Comme on n'a vu, nulle part, rien de pareil, l'esprit demeure étonné et déconcerté. Il semble qu'on soit en présence de quelque chose de surhumain, et volontiers on prendrait ces monstrueuses sculptures pour les images d'un peuple de géants, qui aurait précédé sur la terre les hommes d'aujourd'hui, et bâti les monuments qui nous entourent.

» La hauteur de la statue de Memnon et de celle qui l'accompagne, est de seize mètres au-dessus du piédestal. Les jambes ont six mètres de la plante des pieds au-dessus du genou ; le pied a deux mètres de long et un mètre d'épaisseur.

» La statue de Sésostris, représentant le roi assis sur son trône, avait vingt-six mètres de hauteur au-dessus du piédestal. On a calculé que ce monolithe devait peser deux millions de kilogrammes. La matière en est admirable, et le poli qu'elle a reçu de l'ouvrier, malgré sa dureté, ne l'est pas moins. »

Remontons plus loin encore dans les âges primitifs.

Qui n'a entendu parler de la fameuse ville aux cent portes d'airain, Babylone, de fondation toute voisine de la sortie de l'arche ? Nous avons, dans Hérodote, la description exacte et détaillée des merveilles

(1) *Expédition d'Egypte*. Gomard, *Recherches sur les pyramides*.

sans nombre dont les successeurs de Nemrod embellirent cette superbe cité. C'est à peine si l'on peut croire au récit de l'historien grec. *Le caractère dominant de l'architecture Babylonienne,* dit M. Raoul Rochette, *caractère qui se trouve également dans la sculpture,* c'est la proportion colossale. Tel est le fait qui résulte des récits anciens, comme des ruines existant encore ; telle est l'impression que Babylone a laissée, dans le temps de sa splendeur, à des génies en garde contre tout sentiment d'admiration, comme étaient les prophètes Hébreux, ou à des hommes étrangers de race, comme Hérodote et les compagnons d'Alexandre.

Ce que l'Ecriture sainte raconte de l'antiquité, de la grandeur et de la magnificence de Ninive, se trouve confirmé par les historiens grecs, et en particulier par Diodore de Sicile. Nous avons mieux que les historiens, ce sont les ruines mêmes de la célèbre ville d'Assyrie. Les archéologues qui les ont scrutées, nous ont prouvé, par les pièces déposées au Louvre, que leur enthousiasme n'était pas même au niveau de la réalité des choses. Ce que nous voyons de nos propres yeux, nous rend croyable ce qui nous est raconté des richesses inouïes de Memphis, de sa fameuse chambre formée *d'une seule pierre*, de neuf coudées de hauteur sur huit de longueur et sept de largeur, ainsi que des figures d'hommes et d'animaux aux proportions colossales, employées dans la décoration.

On a écrit quelque part, et assurément avec un grand sens, que l'architecture, en général, est comme une sorte de miroir où viennent se refléter les mœurs, les habitudes, la civilisation, les connaissances et les progrès intellectuels des peuples. Comment, en effet, comprendre que les merveilles de l'ancienne Thèbes aient pu se produire sans qu'un goût épuré ait dirigé le crayon de l'architecte ; sans que des connaissances usuelles, fruits d'une longue expérience, aient pu permettre de tracer ces lignes si nettes, si moelleuses et à la fois si grandioses qui nous ravissent ? Comment l'ouvrier a-t-il pu mettre en œuvre des matériaux si magnifiques, si résistants et si lourds, sans un outillage préparé, approprié à d'aussi gigantesques travaux ? Et les transports ? Les moyens employés autrefois sont encore aujourd'hui, pour nous, des mystères. Cependant les manœuvres de ces énormes rochers arrachés aux flancs des montagnes, étaient ordinaires et de tous les jours. Quand on a monté sur son piédestal, à Paris, l'obélisque de la Concorde, le Roi, les grands de la cour et tout le peuple de la capitale se sont portés en foule au lieu de l'expérience. Bientôt toute l'Europe a retenti du bruit qu'on a fait autour de la pierre du Louqsor. On a gravé sur le piédestal les figures des appareils qui avaient servi à monter l'obélisque, comme si l'on avait craint que les générations à venir ne pussent se rendre compte de l'opération qui avait émerveillé les Parisiens, et presque tourné la tête à nos ingénieurs.

Cependant si nous faisons passer au contrôle de l'examen et de la logique les prétentions de notre puissance mécanique, si bruyamment affichées à la place de la Concorde, nous ne tardons pas à les voir bientôt réduites à de très-minces proportions.

Qu'est, en effet, le célèbre obélisque de Paris, si on le compare aux pierres de Balbeck? On l'a dit, un joujou d'enfant. C'est à peine la dixième partie de l'un des blocs du célèbre Temple du Soleil. Ce sera bien moins encore, si nous le confrontons avec le volume brut de la statue assise de Sésostris, qui n'a pas moins de vingt-six mètres au-dessus de son piédestal.

Et cette tour de Bélus ou de Babel, dont la description nous a été conservée, a-t-elle jamais été égalée en grandiose par aucun autre monument architectural? Cependant on ne peut en révoquer en doute l'existence. C'était la merveille des merveilles des temps antiques ; et le nom de celui qui a conçu un pareil plan est connu, comme le temps tout voisin du déluge où il vivait. Nous savons que Nabuchodonosor la fit restaurer.

Dites donc que les forces intellectuelles de l'esprit humain ont commencé par la faiblesse de l'enfance, ou que les premières générations ont débuté par l'état de barbarie, par l'état sauvage !....

L'état sauvage, pour qui réfléchit et observe, est plutôt une *dégénérescence* de la civilisation.

C'est un accident qu'on a toujours vu, et qu'on voit encore aujourd'hui même se produire à côté des nations policées, ou, si mieux on aime, au milieu de l'humanité, de l'humanité au XIXe siècle.

Je le sais, M. Président de l'Académie des Sciences de Paris ne partage pas les dernières idées que je viens de combattre, et je suis heureux de lui en donner acte public. Mais on ne peut contester que du défaut de science, ou d'une science à peine en maillot, à la négation de toute civilisation dans les races primitives, la pente est douce et facile. Et, de fait, j'ai entendu plusieurs fois, dans les cours publics de Paris, mais non sans un profond étonnement, développer des thèses qui ne tendaient à rien moins qu'à accréditer la détestable doctrine de l'humanité commençant par l'état sauvage. C'est contre d'aussi monstrueuses erreurs, et un abus aussi excessif des dons de l'intelligence, employés à égarer les générations présentes, que je me crois obligé de protester.

Ce qui se trouverait bien plus près de la vérité, sur le point de discussion qui nous occupe, ce serait la proportion suivante, établissant : que la force de conception des races du premier âge est à la nôtre, comme la vigueur des tempéraments anciens, la grande longévité des premiers hommes et leur taille gigantesque sont à la condition frêle et débile des générations contemporaines.

Au moins, ce qu'on ne peut refuser, au témoignage d'une foule d'hommes distingués de l'antiquité, c'est que les premiers habitants de la terre étaient supérieurs en sagesse et en vertu à ceux qui vinrent ensuite. Demandez à Platon ce qu'il en pense (1).

Mais revenons aux difficultés soulevées par l'honorable M. Faye.

(1) Voir le Timée.

La création des végétaux avant le soleil.

L'objection à laquelle nous allons répondre, nous ramène au point de départ de la discussion et aussi à l'une des questions les plus délicates assurément de l'exégèse biblique. Je veux parler de la création des plantes avant le soleil, et dans des conditions telles qu'il n'a fallu rien moins qu'un moyen d'irrigation provisoire, pour permettre à la végétation de croître et de se développer (1).

Strauss s'est scandalisé de la simplicité de Moïse qui n'a pas craint de renverser l'ordre des choses, en faisant arriver à l'existence et se multiplier, sans le secours du soleil, source actuelle de toute vitalité, non-seulement les herbes qui couvrent les campagnes, mais encore les arbres les plus majestueux de nos plaines et de nos vallons.

Pianciani lui-même, en examinant au second chapitre de la Genèse le passage où il est itérativement fait mention des végétaux, avoue ingénûment qu'il ne voit pas pourquoi l'Annaliste sacré revient sur un sujet qu'il avait déjà traité avec toute l'étendue que comportait le cadre de son écrit.

On le voit, à tous les points de vue, la création des

(1) Voir page 21. Je ne puis admettre avec l'honorable M. Faye qu'il s'agisse ici de la végétation du Paradis terrestre. Le lecteur jugera entre nous.

plantes mérite une attention particulière; j'en ferai d'autant plus volontiers une étude spéciale, que l'honorable et très-savant M. Faye a, lui aussi, touché ce sujet, en déclarant que le moyen d'irrigation dont parle Moïse, devait se rattacher au paradis terrestre, que le Seigneur avait orné d'une plus remarquable végétation.

Enfin, les recherches auxquelles nous allons nous livrer auront cet avantage particulier, qu'elles vont nous fournir un puissant *confirmatur* de ma proposition principale, laquelle, une fois admise, prouve toutes les autres. Je veux parler de l'organisation lente et progressive de l'univers.

Accoutumés à l'idée de la création des plantes à *l'état adulte*, les exégètes de la Bible n'ont vu, dans le fait extraordinaire dont nous venons de parler, qu'un simple détail sans importance dans la manifestation de la sagesse divine. Ce que nous allons exposer, prouvera aux esprits non prévenus, qu'il en est tout autrement. Ce sera, comme nous l'avons dit, la théorie de la création par des lois, qui nous servira de principe de solution pour la difficulté que nous avons indiquée, et qu'il faut aborder sans plus tarder.

Que la terre, dit le texte sacré, fasse germer de l'herbe verdoyante et *reproduisant elle-même sa semence,* et des arbres fruitiers, portant des fruits, chacun selon son espèce, lesquels fruits *contiendront eux-mêmes des graines nécessaires à la reproduction de l'arbre. — Germinet terra herbam virentem et facientem semen, et lignum po-*

miferum faciens fructum, juxtà genus suum, cujus semen in semetipso sit super terram (1). Tel est l'énoncé de la double loi, à laquelle les plantes devront leur existence d'abord, et ensuite la faculté de se reproduire elles-mêmes. Deux choses absolument distinctes.

Et pour que nous ne nous méprenions pas sur la teneur et l'étendue de l'ordonnance ou du décret divin, Moïse ajoute : Et la terre produisit de l'herbe verdoyante *faisant sa graine*, et des arbres fruitiers *renfermant en eux-mêmes leur semence*, chacun selon son espèce. — *Et protulit terra herbam virentem et facientem semen, juxtà genus suum, lignumque faciens fructum, et habens unumquodque sementem secundum speciem suam* (2). Toujours la naissance de la plante précédant la formation de la graine.

Tout ceci est déjà très-clair, mais le devient bien davantage, quand on le rapproche du commentaire fourni par le second chapitre, lequel dit, comme nous l'avons déjà exposé : telles sont les *générations* du ciel et de la terre (le second ciel et la seconde terre, ou le ciel et la terre organisés), au jour que Dieu les fit, ainsi que toutes les plantes des champs, *avant qu'elles fussent sorties de terre*, et toutes les herbes de la campagne, *avant qu'elles eussent* GERMÉ. *Et omne virgultum agri, antequam oriretur in terrâ, omnemque herbam regionis priusquam germinaret* (3).

(1) Gen., I-12.
(2) *Ibid.*, I-12.
(3) *Ibid.*, II-5.

Peut-on trouver des expressions à la fois plus claires, plus multipliées et plus énergiques, pour établir le fait de la création des plantes en germe, et antérieurement à toute production des mêmes plantes à l'état adulte? Cependant, oserons-nous le dire? la théorie contraire est celle qui a prévalu jusqu'à ce jour; tant est puissante, contre le sens naturel et obvie des termes, la force d'une idée préconçue, ou les vaines frayeurs des conséquences qu'on pourrait tirer contre la religion de la traduction littérale du texte de la Genèse.

Le fait de la création des plantes avant le soleil est devenu pour les mécréants, nous l'avons déjà fait remarquer, une pierre d'achoppement et de scandale. L'astronomie moderne, dit Strauss, a trouvé absurde non-seulement que notre planète ait été créée avant le soleil, qui est le centre de son mouvement, mais encore que la succession de jours et de nuits, ainsi que la séparation des éléments, et la *production des végétaux*, aient eu lieu avant la création du soleil (1).

Si le célèbre philosophe allemand eût suivi le développement progressif de la création par des lois, il eût trouvé, comme Laplace, comme nous, que notre planète n'a point préexisté à la formation du soleil, non plus que la séparation des éléments, puisque le système entier des masses sidérales s'est élaboré en même temps, et sous l'empire des mêmes lois.

Quant au fait, en apparence anormal de l'existence

(1) *Les doctrines du christianisme dans leur développement historique et dans leurs luttes contre la science moderne.*

des végétaux avant le soleil, on peut affirmer que rien n'est plus admirable, au contraire, que la marche attentive et pleine de sagesse qu'a suivie l'esprit créateur dans l'étonnante particularité qui nous occupe. Quelques détails vont mettre cette assertion hors de conteste.

Nous accorderons sans peine que, dans l'état actuel des choses, les plantes, pour croître et se développer, ont un besoin réel de l'influence des rayons solaires. Conséquemment, que, sans elle, la végétation, dans son ensemble, serait condamnée à s'étioler et à périr.

Mais, pour l'édification de Strauss, et de tous ceux que le récit de Moïse embarrasse, nous rappellerons qu'avant l'apparition du grand luminaire, source actuelle de toute vitalité, la lumière, sans que nous sachions trop comment, existait non-seulement à l'état latent, mais encore à l'état lumineux.

Dieu avait divisé la lumière des ténèbres, c'est-à-dire, qu'il avait fait fonctionner les lois établies par lui au premier jour (1). Ce fait, d'après la Genèse, ne peut être révoqué en doute. Et ce qui ne doit pas manquer de frapper tout esprit occupé à rechercher la cause des phénomènes de la nature, c'est que la création des plantes en germe justifie pleinement la singulière anomalie de la végétation avant le soleil, si même cette anomalie n'était pas une conséquence nécessaire de la marche suivie par le Créateur dans son travail d'organisation du globe.

(1) *Divisit lucem a tenebris, appellavitque lucem, diem, et tenebras, noctem.* — Gen., I-5.

Je m'explique.

Ne l'oublions pas, la même volonté qui a enjoint à la terre de produire des plantes, a ordonné à ces mêmes végétaux de faire leur graine pour la reproduction à venir. Mais, pourquoi cette semence, et pourquoi ne pas abandonner pour toujours à la terre le soin de continuer l'opération qui lui a été, une première fois, demandée ?

Le voici : C'est qu'il devait y avoir dans la suite incompatibilité entre les moyens de développement des plantes, sous l'influence des rayons solaires, et celui de leur naissance, une première fois dans le sol. Ce n'est pas moi qui affirme ce fait étonnant, c'est la science elle-même, par l'organe d'un des plus grands génies que compte la chimie moderne.

« Pour que les phénomènes qui constituent la vie » (végétale) commence, dit Berzélius, il faut réunir trois » conditions :

» 1° Il est nécessaire que la graine soit en contact » avec un corps humide, auquel elle puisse enlever une » certaine quantité d'eau.

» 2° Elle doit être exposée à une température supé- » rieure à 0 degré, parce qu'aucun phénomène de vie » ne peut se manifester, dès que l'eau est à l'état so- » lide. Mais la température ne doit pas être au-dessus » de quarante degrés, parce que la *vie naissante est* » *anéantie par une plus forte chaleur.....*

» 3° La graine doit être en contact avec *l'air. L'ac-* » *tion immédiate des rayons solaires est nuisible à la ger-*

» *mination. Partout, dans la nature, nous trouvons que* » *les premiers phénomènes de la vie, parmi les êtres* » *organisés, prennent leur origine dans l'obscurité*, et » qu'ils n'ont besoin de l'influence *de la lumière, et ne* » *recherchent celle-ci, qu'après* être arrivés à un certain » degré de développement (1). » Est-ce clair?

Assurément les lois qui ont présidé à la germination première n'étaient pas autres que celles qui concourent aujourd'hui, à l'éclosion des germes. dans les graines. Donc, pour éviter les inconvénients des circonstances nécessaires au développement ultérieur des plantes, il a fallu avoir recours, pour les faire naître, à l'état de choses que nous avons décrit, ou à l'absence du soleil.

Longtemps avant que la chimie nous eût apporté ses raisons scientifiques, le jardinier, guidé par ses expériences, avait reconnu que les rayons solaires sont aux plantes en germe, et malgré l'avantage énorme de la graine, ce que la nourriture de l'homme est à l'estomac de l'enfant qui vient de naître. Aussi, l'horticulteur a-t-il toujours eu l'habitude de couvrir ses semis, pour les préserver des trop grandes émanations de lumière et de chaleur.

C'est ainsi qu'il demeure bien démontré par la science comme par l'expérience que, même dans l'état actuel des choses, et malgré l'avantage qu'ont aujourd'hui les germes de se développer dans une graine contenant la

(1) *Traité de Chimie — Chimie végétale.*

nourriture première, leur éclosion demeure encore souvent délicate et difficile sous l'ardeur des rayons solaires.

Ce n'est donc pas sans intention que la nature a pris la précaution de placer, au commencement, les germes des plantes au milieu de vapeurs humides, en même temps qu'elle les exposait à une lumière douce, et qu'elle les entourait d'une température uniforme, température attestée par tous les enseignements de la géologie positive.

Le développement de la végétation, avant le soleil, suppose donc manifestement la création des plantes en germe, et non à l'état adulte, comme on l'a trop facilement admis jusqu'à ce jour. Il faut convenir que faire naître les végétaux avant la graine, c'est simplement mettre chaque chose à sa place, et faire commencer le règne végétal par son vrai commencement. Voilà où conduit une interprétation logique des choses et des principes.

Moïse avait à rendre compte de la naissance et du développement de la vie sur le globe, convenons qu'il a été plus physicien et plus chimiste que ne le seraient nos premiers spécialistes, s'ils avaient à ordonner des opérations aussi délicates que celles qui ont amené le monde animé à l'existence.

Ici, comme pour la création de l'atmosphère, comme pour la minéralisation des continents, l'historien des six jours a parlé en maître de la science organique (1).

(1) Ces pages étaient écrites, lorsque *les Mondes* sont venus nous apprendre qu'au dernier congrès d'Edimbourg, un savant de haute renommée, sir

Mais le principe sur lequel s'appuie notre explication, n'a pas seulement pour effet de rendre à l'historiographe du Créateur une complète justice, il a, en outre, le double avantage de venir en aide à la géologie, en donnant une solution facile à tous ses grands problèmes, et de simplifier grandement le travail du commentateur interprète de la Genèse.

Nous aurons occasion de fournir ailleurs nos preuves relativement à notre première affirmation. Celles qui se rattachent à la seconde ne doivent pas se faire attendre plus longtemps.

Nous l'avons déjà dit. Pianciani, en parlant de la mention si sommaire que Moïse fait de la végétation, au second chapitre de la Genèse, se demande par quel motif particulier l'Écrivain sacré a pu être amené à rappeler, en cette circonstance, et les arbres et les autres plantes, dont il avait déjà raconté la naissance au troisième jour.

Aidé par la notion des créations progressives, j'oserai me montrer plus hardi que l'éminent professeur du collége Romain. Je donnerai une réponse à la difficulté qu'il a soulevée sans la résoudre.

William Thomson, un *géant intellectuel*, ainsi que le nomme M. Huxley, a examiné la grande question de l'apparition de la vie sur la terre. Moïse, dans sa simplicité, a fait descendre la vie de la puissance céleste. Le géant de la science, au XIXe siècle, a cru bien mieux trouver en la faisant apporter de la région des astres par la chute d'un AÉROLITHE !!!

J'estime trop la science en elle-même, et dans la personne de mon illustre contradicteur, pour caractériser, devant lui, comme elle mérite de l'être, la *devinée* de M. William Thomson.

Le passage qui a semblé si obscur au P. Pianciani devient naturel et facile à saisir, quand on se reporte à la pensée de Moïse, sur la transformation de la matière primitive, ou des cieux atomiques, en ceux dont il a raconté l'élaboration lente et successive.

Que dit, en effet, l'historien sacré? Que le ciel et la terre, ou les éléments premiers, ont produit en se transformant, ou mieux encore, ont *engendré* les merveilles opérées pendant les six jours de la création, soit dans les régions célestes, soit à la surface de notre globe. Puis, développant sa pensée, l'auteur de la Genèse énumère spécialement, comme particularité de transformation de la matière terrestre, les *plantes produites en germe avant qu'elles fussent sorties du sol*, et les *herbes* de la *campagne, avant que leur première tige ait paru.*

En d'autres termes, Moïse raconte que les éléments générateurs ont non-seulement produit, engendré le ciel et la terre dans leur ensemble, mais en particulier les végétaux dont il va raconter la naissance, en l'absence des pluies, et à l'aide de la source dont nous avons déjà eu occasion de parler. La teneur du récit mosaïque est donc aussi juste qu'elle est naturelle. Et voilà comment cette embarrassante mention des plantes et des herbes, au second chapitre de la Genèse, ne devient plus qu'une simple énumération, que le développement d'une pensée sommairement énoncée, en même temps qu'un éclaircissement à tout ce qui précède.

Je pourrais terminer ici ma réponse aux observations

critiques de l'honorable savant que je combats, mais je serais incomplet.

L'une des raisons qui paraissent avoir fait le plus d'impression sur M. Faye en faveur des jours de vingt-quatre heures, est celle qui se tire des expressions *vespere et mane, dies unus*, que Moïse, avec intention, sans doute, s'est plu à répéter jusqu'à six fois. Je ne ferai pas reproche à mon éminent contradicteur de s'être appuyé ici sur un texte incompris, puisque les commentateurs de la Genèse sont loin de s'accorder eux-mêmes sur le sens qu'il faut lui donner. Mais j'ai déjà essayé dans *les Mondes* une interprétation nouvelle, et je la crois plus vraie que toutes celles qui ont été produites jusqu'à ce jour. Je demande la permission de la reproduire. Ce sera ma réponse aux difficultés qui me sont opposées.

LES EXPRESSIONS DE LA GENÈSE

VESPERE ET MANE, DIES UNUS.

L'accord sur le sens précis des expressions *vespere* et *mane, dies unus*, est loin d'être unanime entre les commentateurs du récit génésiaque.

Les uns, parmi lesquels se trouve le savant abbé de Vence, ne voient dans les paroles précitées qu'une sorte d'*hébraïsme*, une locution propre à la langue dans laquelle écrivait Moïse (1). Beaucoup d'autres prétendent que *mane* représente l'ordre, et *vespere*, le désordre. D'où *vespere*, avant *mane*, parce que le chaos a précédé l'arrangement de toute chose. — Ou bien encore *vespere*, la mise en rapport des éléments, et *mane*, l'éclosion, la production de ce rapport.

Un des derniers défenseurs des jours ordinaires, M. l'abbé Sorignet, voit les choses autrement que tous ses devanciers. Pour lui, les expressions de la Genèse, *identiquement répétées*, seraient comme un *cri d'enthousiasme*, comme le *refrain d'une grande ode* (2).

(1) *La Bible en latin et en français*, avec des notes.

(2) *Cosmogonie de la Bible.*

On peut juger, par ces manières de traduire, si divergentes entre elles, que le sens de *vespere et mane* n'est pas aussi clair qu'affectent de l'affirmer certains interprètes, toujours attachés à l'idée de voir, dans les jours de la Genèse, des jours de vingt-quatre heures.

Cependant l'indication de *soirs* et de *matins* antérieurs à l'existence du soleil, devient déjà une protestation significative contre le sens trop facilement prêté aux paroles de l'écrivain sacré ; puisque nos aurores actuelles et les crépuscules prédécesseurs de nos nuits ne sauraient être assimilés à ceux de jours sans soleil.

Essayons, à l'aide des notions acquises, et du témoignage des traditions les plus anciennes et les plus universelles, de fixer le sens des expressions *vespere et mane.*

Nous l'avons déjà dit, la longueur, d'une part, et de l'autre la composition des périodes primitives, doivent faire immédiatement écarter l'idée de similitude entre le soir et le matin, en tant que durée de nos jours actuels et ceux des temps anciens. Mais ce que les périodes primitives et le jour présent ont de commun, c'est que nous trouvons, dans les unes et les autres, le même ordre de succession des parties composantes. C'est à cet ordre de choses nettement exprimé que nous devons demander la solution de la difficulté qui nous occupe, parce que lui seul peut et doit nous la donner.

Le commencement de la première période remonte évidemment au premier acte créateur que la Genèse nous dit avoir eu lieu dans le principe de toute chose, *in principio*. Mais, ce commencement de la première époque est en même temps celui de la première nuit. L'historien sacré nous dit positivement que le temps a commencé par les ténèbres : *Tenebræ erant super faciem abyssi*. Voilà donc un point sur lequel il ne peut y avoir de doute.

Il en doit être de même du moment qui a vu clore cette première nuit, devenue d'une importance exceptionnelle, comme nous le verrons bientôt, aux yeux de tous les anciens peuples de la terre. C'est le premier *fiat*, le *fiat lux*, qui l'a fait cesser. Voilà pour le *vespere*.

Quant au *mane*, son ordre d'existence et son commencement ne sont pas plus difficiles à déterminer L'un a commencé où l'autre a fini, et s'est poursuivi jusqu'à ce que la nuit de la seconde période vint succéder au premier jour complet et composé de ténèbres et de lumière.

Tel est l'exposé exact de l'ordre dans lequel les faits se sont accomplis au commencement, faits dont Moïse avait à rendre compte aux générations à venir. Et, pour cela, je le demande, peut-on s'y prendre autrement que ne l'a fait l'historien dont nous cherchons la pensée intime. En écrivant comme il a écrit, ne peut-on pas dire que l'auteur de la Genèse a cédé non-seulement aux exigences de la vérité, mais aussi aux lois du langage et du bon sens?

La première période, répétons-le encore, était composée de deux parties distinctes, la partie ténébreuse et la partie lumineuse, qu'il fallait énoncer. N'était-il pas de toute logique, comme de toute exactitude, de commencer par le *commencement*, pour terminer par la fin, et d'exposer les faits dans l'ordre suivant lequel ils se sont produits?

Que dirait-on d'un écrivain qui, ayant à nous faire connaître les trois phases principales de la vie humaine, les énoncerait en commençant par la dernière, et dirait : la vieillesse, l'âge mûr et la jeunesse constituent la vie humaine? Ne serait-on pas choqué de le voir renverser l'ordre naturel des idées, et s'exprimer au rebours de l'usage, on peut dire aussi du sens commun?

Ainsi n'a point fait Moïse. Sa pensée est clairement, régulièrement, grammaticalement exprimée. La partie ténébreuse du jour primitif est mentionnée la première, parce qu'elle a existé la première, et la seconde ensuite, parce qu'elle est venue après. La chose est sans mystère. L'expression *factum est vespere et mane, dies unus*, demeure aussi naturelle et aussi claire que possible (1).

Mais voici un autre fait considérable, qui prête au sens que nous venons de donner au texte précité un vrai caractère de démonstration.

Si nous portons notre attention sur la manière dont

(1) A ces raisons nous pouvons ajouter la suivante, déjà indiquée ailleurs, et qui les prime toutes. C'est que le ciel et la terre, au témoignage de la Genèse, ont été créés en six jours. Or il est manifeste que si le premier avait commencé par la partie lumineuse, ou au *fiat lux*, nous aurions eu en plus des six jours toute la partie ténébreuse, ou la nuit première, ce qui n'est pas admissible d'après le texte sacré.

les peuples anciens ont compté leurs jours, nous ne sommes pas peu surpris de les voir généralement les commencer au soir, contrairement au sentiment naturel qui nous fait voir, dans le jour, l'image de la vie, et, dans la nuit, celle de la mort. Il semble qu'on devait s'attendre à tout le contraire de ce que nous trouvons.

Cependant, le fait que nous affirmons ne peut être douteux. Ecoutons comment s'exprime le savant et judicieux abbé de Vence :

« Chez les Juifs, voici quelle était la manière de composer les jours. Les jours se comptaient d'un soir à l'autre. Moïse marque le jour par ces deux termes *vespere et mane.* Le soir ou la nuit allait avant le jour, qu'on nomme le matin. Moïse ne marque aucune différence entre les jours civils et les jours sacrés. Or, les fêtes commençaient au soir, et finissaient de même. *A vesperâ in vesperam celebrabitis sabbata vestra.* Cette coutume a toujours persévéré parmi les Juifs, et elle est passée de ce peuple à l'Eglise chrétienne, qui commence l'office du jour par les *Matines*, au soir, à l'entrée de la nuit précédente (1).

(1) Le jour, ainsi que la nuit, chez les Romains, se divisait en quatre parties. Pour le jour, ces parties s'appelaient *Prime, Tierce, Sexte et None.* Elles étaient chacune de trois heures, plus ou moins longues, suivant les saisons.

Il en était de même pour la nuit, dont les parties étaient appelées *Veilles.* L'office de Laudes, dans l'Eglise chrétienne, devait être chanté à la quatrième veille, ou à l'arrivée du jour, en mémoire de la première aube qui a éclairé le monde, au commencement des temps.

Ce qui doit encore être remarqué, c'est que, aujourd'hui même, la

» Les Athéniens, selon Varron et Macrobe, les Egyptiens, les Gaulois, les Germains, les Numides et beaucoup d'autres, comptaient leurs jours comme les Juifs.

» Cette pratique se voit encore dans quelques titres allemands, où l'on met trois nuits au lieu de trois jours. Les Anglais s'expriment de même. Ils nomment la semaine *sennight* qui, à la lettre, veut dire *sept nuits* (1). Dans la Bohême, et dans les pays voisins, du côté de la Pologne, on commence le jour au soir, et l'on compte vingt-quatre heures d'un soir à l'autre. » (*La Bible en latin et en français.*)

Le docte commentateur, que nous venons d'entendre, aurait pu ajouter à la longue liste des peuples qui ont compté, ou qui comptent encore leurs jours, en commençant au soir, celui-là même qui est le gardien né des traditions religieuses, et qui les conserve avec plus de respect que tous les autres. Je veux parler du peuple romain.

Contrairement à tous les Etats qui l'entourent, celui de Rome, en effet, commence ses jours au soir, à l'*Angelus*, ou à la naissance des ténèbres. Tous ceux qui ont passé quelque temps dans la ville éternelle ont pu constater, par eux-mêmes, cet antique et précieux usage (2).

presque totalité des hymnes de l'Office férial, soit pour le jour, soit pour la nuit, ont trait à la création.

(1) Dans la campagne les paysans disent encore *anuit* pour ce jour, aujourd'hui.

(2) A Rome, l'heure de l'*Ave, Maria*, ou du commencement du jour, ne

Le fait des traditions anciennes relativement au commencement du jour par les ténèbres est donc bien établi. Mais comment le rattacher au *vespere et mane* du récit mosaïque? Le voici ;

La semaine primitive a été composée de sept jours, dont le dernier, comme on sait, dure encore. C'est le jour du repos du Créateur. Nous imitons nous-mêmes ce repos du divin ouvrier, quand à la fin d'un grand travail ou d'une difficulté vaincue, nous établissons un ou plusieurs jours de fête. Qui ne connaît les réjouissances auxquelles donnent lieu le lever de la dernière gerbe, dans la moisson, et la pose de la première et de la dernière pièce d'un édifice?

Des deux termes du grand œuvre de la création, le dernier est devenu l'objet d'une bénédiction spéciale et d'un précepte saint. L'institution qui doit en conserver le souvenir parmi les hommes, est celle du repos sabbatique.

Le monument auquel a été confiée la mémoire du premier jour de la création, pour la transmettre aux générations les plus reculées, paraît avoir été l'obligation imposée par l'entremise du premier homme, aux an-

sonne jamais avant cinq heures du soir, et jamais après huit heures, suivant les saisons.

Si l'on tient compte de la différence entre cinq et huit, et qu'on cherche à quelle heure tombera *midi*, aux diverses saisons de l'année, on voit qu'il ne peut se trouver au-delà de dix-neuf heures, ni en deçà de seize heures. C'est de là, sans doute, qu'est venu le vieux proverbe *Chercher midi à quatorze heures*, pour dire chercher une chose impossible à trouver.

ciens peuples, d'avoir à composer leurs jours sur le modèle du jour primitif.

La preuve de ce fait se trouve dans les prescriptions mêmes faites par Moïse au peuple hébreu, qui ne fut pas libre de marquer le commencement et la fin de ses jours religieux.

C'est du soir au soir, lui a dit le grand législateur, que doivent être célébrés les jours de sabbat. *A vesperâ in vesperam celebrabitis sabbata vestra* (1).

Je ne sais si l'on peut produire un précepte plus formel. Ce qu'il y a au moins de certain, c'est que le peuple juif, d'un côté, et, de l'autre, l'Eglise chrétienne, ont été constamment fidèles à maintenir intactes les traditions primitives.

Ainsi, le *vespere et mane* de la Genèse ne sont qu'un détail de la *semaine de Dieu*, de la grande semaine qui a vu naître et organiser l'univers.

Veut-on savoir maintenant ce qu'a été cette semaine elle-même, aux yeux de toutes les nations ? Ecoutons notre célèbre astronome Laplace :

« La semaine, dit-il, depuis la plus haute antiquité, dans laquelle se perd son origine, circule sans interruption à travers les siècles, en se mêlant aux calendriers

(1) Lévitique, XXIII-32. Mais ce qui prouve clairement que le principe relatif au septième jour est de date ancienne et bien antérieure à celle du temps où vivait Moïse, c'est que ce chef du peuple de Dieu ne formule pas un commandement venant de lui-même : il se contente de rappeler un ordre ancien, une loi primitive. *Memento ut diem sabbati sanctifices.* Ex., XX-8. Et de fait nous les voyons observés au désert de Sin avant la loi du Sinaï.

successifs des différents peuples. Il est très-remarquable qu'elle se trouve la même par toute la terre. C'est peut-être le monument le plus ancien et le plus incontestable des connaissances humaines. Il paraît indiquer une source commune, d'où elles se seraient répandues (1). »

L'Église chrétienne, en réservant pour elle, comme nous l'avons vu, l'obligation d'honorer particulièrement le commencement de la création, par la manière de compter le jour, n'a pas cru devoir, cependant, l'imposer aux divers peuples qui la constituent, n'ayant pas à cet égard de mandat spécial comme pour le repos du septième jour. Mais elle nous montre assez, par sa propre conduite, en quel haut degré de respect nous devons tenir les traditions qui se rattachent aux opérations divines dans la création.

Aux avantages qui les recommandent à l'attention des esprits observateurs, et en particulier à celle du très-honorable et très-judicieux M. Faye, les précédentes explications pourraient joindre celui de rendre mieux compte qu'aucune autre, peut-être, du transfert du repos sabbatique, chez les chrétiens, du septième jour de la semaine au premier. Car si le *memorandum* de la grande semaine de Dieu n'a pas varié depuis le berceau de l'humanité, il n'en est pas de même de la disposition des jours qui demeurent fixés, dans le christianisme, comme il vient d'être dit. De quelque intérêt que

(1) *Système du monde.*

soient ces nouvelles considérations, je dois pourtant en ajourner le développement, pour ne pas prolonger outre mesure la longueur de cette étude. Je me résume donc, et je finis.

Les Anciens, on ne peut le nier, avaient une science, soit acquise, soit traditionnelle. Moïse, par son éducation distinguée et son instruction faite à la cour des Pharaons, a eu tous les moyens désirables de réunir les connaissances de son temps. Par son génie incontesté, il était, plus que tout autre, à même de tirer profit des trésors littéraires et scientifiques renfermés dans les bibliothèques égyptiennes. Car il y avait en Egypte des bibliothèques, c'est un fait qui ne peut être mis en doute, et les bibliothèques, comme de juste, supposent des livres qui ne sont autres que les papyrus, aujourd'hui en partie répandus parmi les diverses collections de l'Europe. En dehors de l'inspiration, le grand et très-intelligent libérateur du peuple hébreu avait donc toutes les facilités à sa disposition pour connaître et compiler les traditions des patriarches, ses ancêtres. La conséquence de ces observations instructives, c'est que Moïse, en parlant d'un *moyen provisoire d'irrigation*, en comprenait parfaitement le sens et la portée.

En d'autres termes, l'Annaliste des six jours tenait, devant ses contemporains, un langage qui, évidemment, était connu de tous. D'où il suit que s'il nous était permis de supposer, pour un instant, Moïse présent au milieu de nous, le plus grand étonnement de cet illustre historien serait, sans doute, de nous entendre disputer sur des faits qui vraisemblablement ne lui paraissaient pas même susceptibles de deux interprétations. Tant il importe de tenir compte des temps, des circonstances et des dispositions des esprits, au milieu desquels un livre a été écrit, lorsqu'on veut avoir la pensée exacte de son auteur.

Quant à la théorie géogénique de l'Ecrivain sacré, elle se dégage avec netteté des commentaires bibliques auxquels nous avons eu recours. Moïse fait naître la terre ferme dans le sein d'une masse primitivement aqueuse, et il affirme que notre planète doit à une loi, instituée au troisième jour, le grand phénomène du passage de la matière liquide à l'état solide. C'est à ce moment solennel que des transformations chimiques jusque-là inconnues se sont faites et ont donné naissance à nos continents. Et, comme particularité remarquable, nous avons vu les montagnes se construire autour des abîmes de la mer. — Une fausse interprétation, avons-nous dit, de ce texte de saint Jérôme : *Congregentur aquæ in unum locum, et appareat arida*, avait fait se déplacer les eaux de ces mêmes océans pour rouler dans des excavations imaginaires et préexistantes.

Enfin, comme motifs d'une plus grande confiance dans une complète solution des difficultés que nous avons touchées, il faut rappeler, en terminant, les convictions instinctives des savants de nos jours, et les mettre en regard de l'exposé que nous venons de faire de nos propres recherches sur l'origine aqueuse de la terre.

On peut dire qu'il n'est pas, à l'heure qu'il est, un écrivain devant traiter de la naissance de l'univers; qu'il n'est pas un professeur de sciences naturelles, se préparant à entretenir un auditoire des lois fondamentales de la combinaison, qui ne fassent réserve le premier dans la préface de son livre, le second à l'ouverture de son cours, sur la propension des esprits cultivés et observateurs à n'admettre qu'un très-petit nombre d'éléments générateurs de la matière, un, deux ou trois au plus. Tous les corps aujourd'hui appelés *corps simples*, les métaux eux-mêmes compris, ne seraient que des *composés*. Toutes les études, toutes les observations, toutes les analogies, au témoignage des hommes spéciaux, conduisent à cette hypothèse presque nécessaire à l'explication de l'état actuel des choses.

Ce n'est pas nous assurément qui contredirons cette remarquable manière de voir des esprits particulièrement adonnés à l'étude des lois du Créateur, qui travaillerons à amoindrir ce flatteur espoir de l'investigateur des secrets de la nature. Tout ce que nous avons dit jusqu'ici, tout ce qui nous reste à déduire des faits que nous nous proposons ultérieurement d'examiner, suppose, au contraire, cette vérité soupçonnée, indiquée par la science, et pour ainsi dire réclamée par la teneur du plan divin. Si donc le pressentiment universel du monde savant devenait jamais une réalité, l'époque précise du commencement de la grande transformation de la matière liquide en composés solides, ne serait plus à chercher. Nous l'avons indiquée et marquée pour toujours ; c'est celle où il fut enjoint aux éléments de laisser *apparaître un aride*. Espérons, oui espérons que Dieu donnera, un jour, à la science dont il est seul l'inspirateur, de franchir la limite aujourd'hui imposée à nos laborieux efforts, et applaudissons d'avance à la gloire de l'heureux génie qui aura le premier renversé l'invincible barrière.

Par lui et par son inappréciable découverte, la pensée de Moïse sera mise dans un jour tout nouveau. Le caractère de l'œuvre essentiellement progressive du Créateur deviendra plus saisissant, et nous comprendrons mieux les grands phénomènes de la cosmogonie en général et ceux de la géogénie en particulier. Tels, par exemple, que la formation de l'atmosphère pour coercer les vapeurs, que la science moderne, de concert avec l'historiographe sacré, affirme avoir primitivement occupé un volume considérable autour du noyau terrestre ; tels que la transformation d'une partie du liquide aqueux en *un aride* que toutes les observations, nous l'avons déjà dit, s'accordent à nous présenter comme une vaste agglomération de composés multiples et dérivés d'une matière préexistante ; tels que l'apparition de la vie sur le globe, et la naissance des végétaux en germe ; tels enfin que le développement de ces mêmes végétaux, au milieu d'une atmosphère tiède et humide, ainsi qu'il le fallait aux jeunes pousses des plantes tendres et fragiles que le sol venait de mettre au jour.

Ainsi, le progrès des sciences que tout fait pressentir, nous promet un ensemble de dépositions en parfaite harmonie avec celles de la Bible et des faits observés. Comme eux, il témoigne d'avance en faveur de la marche attentive et mesurée qu'a suivie le Tout-Puissant dans sa manifestation extérieure, dans la production de ses incomparables merveilles devant les intelligences créées. A celles de ces dernières que l'étude des lois de la nature a élevées plus haut, il appartient évidemment de mieux comprendre l'œuvre des six jours, et aussi d'en adresser à Dieu une louange plus parfaite. Puissent ces pages obtenir quelque crédit auprès des savants, et leur venir en aide pour l'accomplissement du grand devoir dont il vient d'être parlé, et que leur supériorité elle-même leur impose (1).

Aux Carmes, à Angers, le 12 novembre 1871.

(1) Le caractère de discussion particulière qu'a dû prendre l'opuscule que je termine ici, ne m'a pas permis de mettre en regard, et comme contrôle des explications neuves qu'il contient, l'exposé des faits géologiques observés et acceptés par toutes les opinions.

Mais ce complément nécessaire de mon travail, déjà en partie préparé, ne se fera pas longtemps attendre.

TABLE DES MATIÈRES.

Etat de la question 5
Lettre de M. Choyer à M. Moigno 7
Observations critiques de M. Faye 15
Réponse de M. Choyer. Observations préliminaires 23
La création de l'univers s'est faite par des lois 28

La théorie géogénique des anciens 41

Les anciens ont cru que la terre était primitivement liquide. 42
Ils n'ont pas cru au déplacement des eaux pour se rendre dans des cavités préexistantes 47
Ils ont cru que les mers actuelles ont été, dans le principe, alimentées par une mer inférieure 53
Observations de Malte-Brun sur la configuration du bassin des mers 57
Les notions cosmogéniques des anciens peuvent se réduire à deux théories 60
L'origine éthérée du ciel et de la terre 62
L'origine aqueuse du ciel et de la terre 68
L'origine ignée du ciel et de la terre 72

La science des anciens 79

Les anciens connaissaient le mouvement circulatoire des eaux à la surface du globe 80
Moïse et la création de l'atmosphère 83
La science a été l'objet de l'inspiration divine 87
Les sciences naturelles des anciens 89
Les sciences astronomiques des anciens 91

La période luni-solaire.................................. 94
Le système héliocentrique des anciens................ 98
Source de la science des anciens...................... 100
Le premier homme dans le paradis terrestre........... 105
La religion des anciens 114
La littérature des anciens.......................... 121
L'architecture des anciens.......................... 124
La création des végétaux avant le soleil............. 133
Les expressions de la Genèse *vespere et mane, dies unus*. 144
Conclusion.. 153

Angers, imp. E. Barassé.

www.ingramcontent.com/pod-product-compliance
Ingram Content Group UK Ltd.
Pitfield, Milton Keynes, MK11 3LW, UK
UKHW022105190726
13855UKWH00002B/646

9 782013 483018